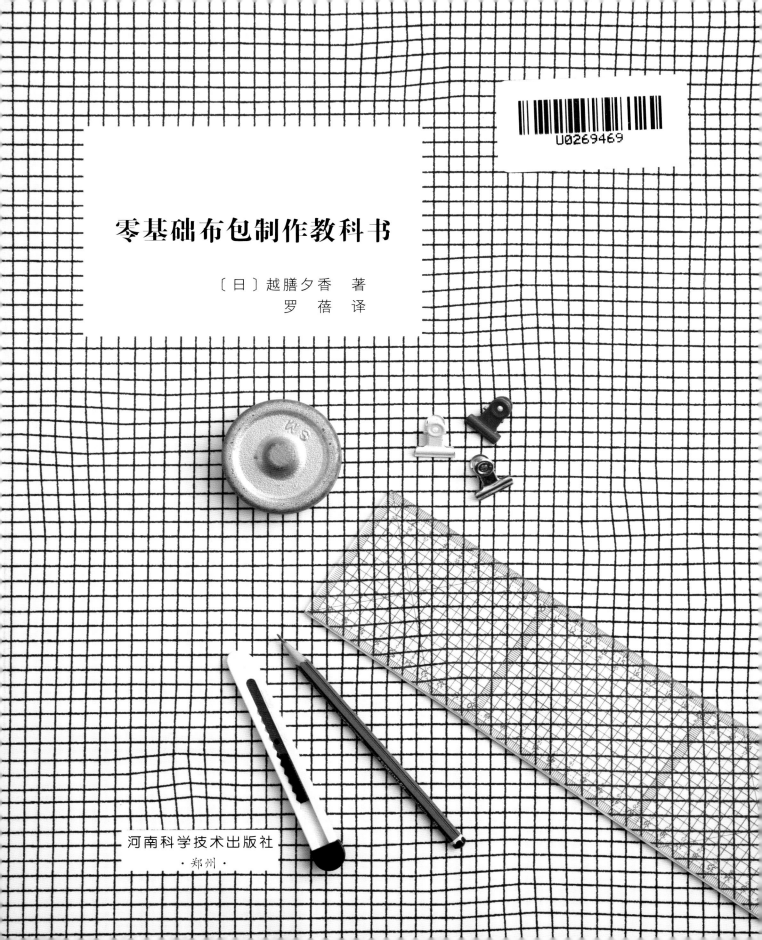

零基础布包制作教科书

〔日〕越膳夕香　著

罗　蓓　译

河南科学技术出版社
·郑州·

目录

第1部分

制作布包的基础知识 …5

前言

我归纳了以下几个要点，这些要点不限于布包，
制作任何东西时它们都很重要。

1. 根据不同部位选择适合的材料。
2. 正确地测量、裁剪，认真地进行准备工作。
3. 一边检查步骤的数量、前后顺序，一边操作。
4. 不管是大工具还是小工具，都要先知道它的特点，然后再使用。
5. 不要害怕失败，先做起来再说。

介绍完以上的要点，
下面是对本书内容的解说。

本书介绍的是基础知识，即便按照顺序从头读起，
"到底说的是什么""抓不到要点"，让人困惑的地方也很多。
试着实际动手做起来就明白了，
"啊，原来是这么回事呀"。
制作过程中出现的疑问，反复看书，终会得到解决。
希望大家这样来使用本书。

本书介绍的作品仅仅是范例，
它们的形状都很简洁，所以没有附实物大纸型，
只是描出了实物大纸型的局部线条，
与自己边思考边画线有很大的不同。
这条线与哪里缝合，最终会成为哪部分，
一边动脑，一边画线，条理也会清晰起来。
难得自己动手，希望大家做出有自己风格的、好用的布包，为此去努力吧。

最初也许会有不顺利的时候。
如果线缝歪了，拆掉改过来就好了。
缝的次数多了，机缝的线迹就变得笔直了。
试着用它装些东西出门，有觉得不好用的地方，
下次做的时候纠正过来就好了。
即便是失败了，想着"不过是个包"，也就释然了。

布包的制作非常自由，没有公式。
请在反复试错中，找出自己认为对的东西来。
可以说，制作中的错误反而是亲手做包的乐趣。
品尝个中滋味的时候，机缝技术也会提高很多。
这样的话，缝纫机也许会成为你一辈子也不会放手的朋友。

越 膳 夕 香

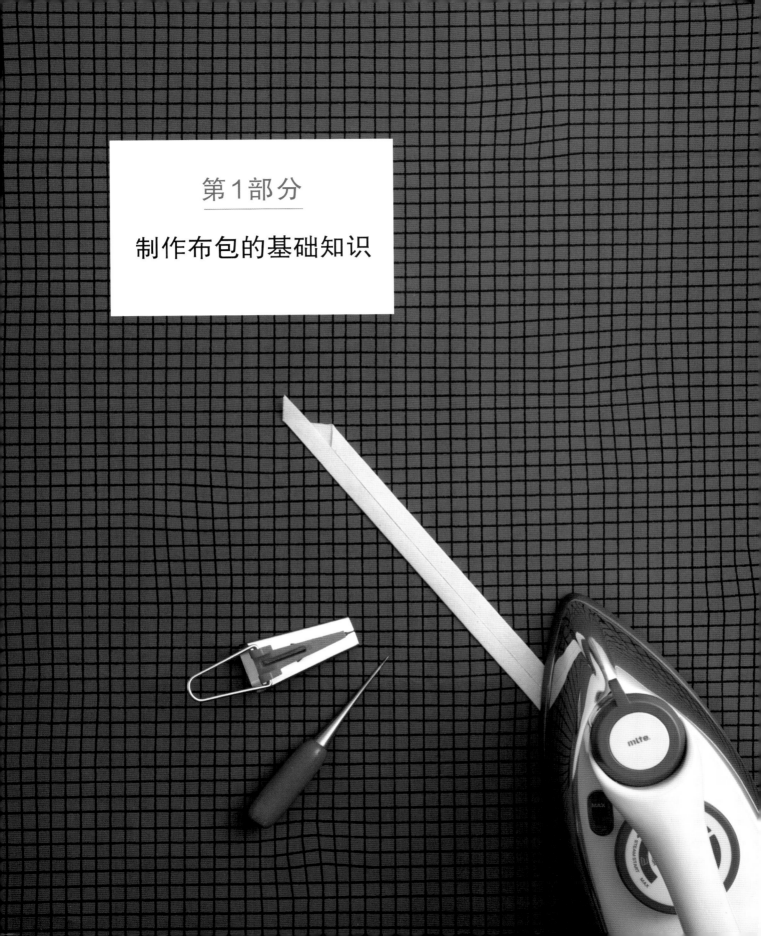

第1部分

制作布包的基础知识

包的基础知识

做什么样的包好呢?
脑海中会不断涌现出各种款式, 首先我们要了解包的基础知识。

包的各部分名称

各部分名称会在本书中频繁地出现, 先把它记住吧。

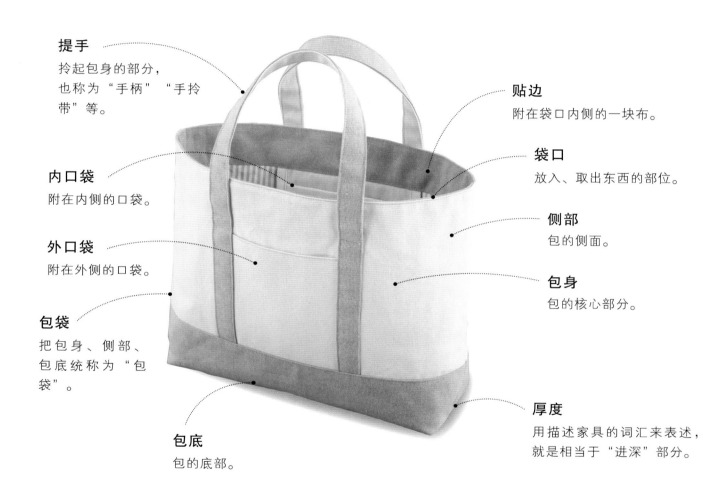

提手
拎起包身的部分, 也称为"手柄""手拎带"等。

内口袋
附在内侧的口袋。

外口袋
附在外侧的口袋。

包袋
把包身、侧部、包底统称为"包袋"。

包底
包的底部。

贴边
附在袋口内侧的一块布。

袋口
放入、取出东西的部位。

侧部
包的侧面。

包身
包的核心部分。

厚度
用描述家具的词汇来表述, 就是相当于"进深"部分。

包的种类

挑选了用布制作的、常用的包进行介绍。

扁平包

没有侧部的平面包。适合装较薄的物品。

托特包

袋口在上部，有2根提手，是手拎包的总称。使用范围广泛，休闲、商务场合中都可以用它。

桶形包

包底为圆形，似水桶状。可以做一些变化，如单提手或单肩背、袋口为束口式等。

波士顿包

包底宽大、袋口安有拉链，是用于旅行的包。据说是美国波士顿大学学生喜欢使用的包，名称由此而来。

邮差包

为了便于骑自行车送信的人使用而设计的包，有包盖，可以斜背。为了贴身、便于骑行，包带的长度可以调整。

轻便单肩背包

原本是指公共汽车的售票员和收款员用来装钱和车票的包。它带有吊绳，非常结实。

手拿包（clutch bag）

没有提手而直接手拿的小型包。"clutch"的意思是"抓""握"。

祖母包（granny bag）

样式像祖母使用的手拎包。可以把提手的材料换成木头或者竹子，对袋口进行打褶处理等，做各种变化。

双肩背包（rucksack）

背在背上的包。名称来源于德语，"ruck"指的是"背"，"sack"的意思是"袋子"。

制作布包所使用的工具

介绍一下制作布包时需要的工具。
找到好用的，一点一点地把它们添置起来。

基本工具

进行画图、制作纸型、裁布、机缝、手缝等一系列基本操作时所需要的工具。

转印纸

很薄的纸，描实物大纸型时使用，有两种：白纸和方格纸。建议使用方格纸，画线很方便。★卷纸形式

布镇

为了防止纸张、布料移动，用来压住它们的重物。描纸型时，用尺子和裁纸刀时，都需要用到它。也可以用镇纸来代替。

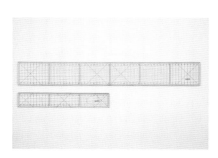

方格尺

尺子上有5mm的方格。准备长度为50~60cm的和30cm的两种。如果可以，也请准备带金属边的尺子，裁布时与裁纸刀配套使用。☆

轮刀、布剪

把布裁开时使用的工具。状况不同，使用的工具会不同。轮刀是在裁直线时，与尺子配套使用。★剪刀

裁纸刀

在裁纸型和黏合衬时，与带金属边的方格尺配套使用。比剪刀裁得更准确。

裁切垫

垫子如果有方格，与方格尺一起使用，操作起来会更加准确。

画线工具

用来画图和画标记等。为了画得准确，建议使用比普通铅笔更细的0.5mm自动铅笔。

珠针

用来把2片及以上的布临时固定在一起。建议使用不怕熨烫的、头部为玻璃质的珠针。★

固定夹

较厚的布、珠针难以扎进去的布，使用固定夹来固定。★红色夹子

缝纫机

制作包包时，有时会缝到较厚的部分，建议使用动力强的机型。如果可能，到店铺试缝后再购买。

机缝针

缝纫机专用针。根据布的厚度来选择针的粗细。家用缝纫机的机缝针头是半圆形的。★

梭芯、梭芯盒

梭芯是卷缝纫机下线的工具。垂直型下线装置的缝纫机，梭芯要与梭芯盒配套使用。★空梭芯

手缝针

手缝专用的针。缝返口或者内口袋时使用。★

顶针

手缝时戴在手指上，推送针头。缝合时可以减轻手指的负担。☆左侧；★右侧中央

线剪

用来剪断线、剪开细小的部分，非常方便。剪刀要挑选刀尖锋利、顺手的。★

针插

可以把珠针、缝针集中插在它的上面。如果自己制作，可以把100%纯羊毛线或者羊毛毡塞在里面，这样针就不会锈了。

熨斗、熨板

从准备布料到包包制作完成，它们是不可缺少的工具。如果可以，请准备蒸汽熨斗。

锥子

做标记、推送角、送布等这些细致工序会用到它，是使用场合较多的工具。请选择头部尖的锥子。☆

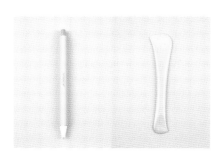

画线笔、骨笔

给布做标记时使用。画线笔建议使用遇到水线迹就会消失的水消笔。骨笔有助于做出浅浅的缝印、加深折痕。

拆线器

U字底部就是刀刃，在拆除机缝的缝线时使用。★

机缝线、手缝线

这是机缝线和手缝线。根据布的厚度来选择粗细。

★标记的工具合作单位：可乐；☆标记的工具合作单位：清原；机缝线合作单位：富士克

如果有以下工具，提升设计的变化效果时就非常方便。

烫凳

带腿的细长形熨板。熨烫立体的袋状部位、进行最后的熨烫时，用它就非常方便。

穿绳器

便于穿绳子、松紧带的工具。制作束口袋等包时，建议用它来给袋口穿绳子。★

制带器

把布条穿过指定的宽度，然后用熨斗熨平，就可以方便地折叠好布条的两边。自己制作包边条时也可以用它。★

小镊子

机缝时可以用它推送较小的布片，除此之外，回针缝之后，用它把角漂亮地推出来。

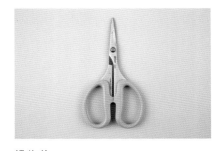

操作剪

从纸到拉链，用它可以剪布包制作过程中除布以外几乎所有的东西，是万能剪。为了不损伤布剪，还是把剪刀分开使用吧。

磁铁珠针盒

有磁力，可以把珠针吸住。放在缝纫机的旁边，把拔掉的珠针暂时集中放在它的上面，非常方便。

冲子、敲打棒、敲打台

安气眼、铆钉、四合扣等固定工具时需要使用的工具。要按照所安工具的口径来准备。

木锤

安固定工具时，与左边的工具一起使用。因为金属锤会伤到冲子头、敲打棒，所以不要用金属锤。

热熔胶带、布用双面胶带

缝合时用它们暂时固定，非常方便。有多种宽度。★

★标记的工具合作单位：可乐

缝纫机知识

缝纫机大体上可以分为家用机和专业用机。根据自己的用途来挑选。

● 缝纫机的种类

家用机

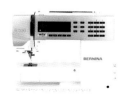  

电脑缝纫机

内置的微型电脑控制着图案形状、速度。可以自动调整线的松紧、针脚，还可以缝出漂亮的图案。

电动缝纫机

通过调节电压来改变发动机的速度，电力带动发动机运转，调至高速时，转动力量就变强，调为低速时，它的力量就发挥不出来。

电子缝纫机

该缝纫机由电路来调整缝制速度。即便是低速，也非常有力量。

专业用机

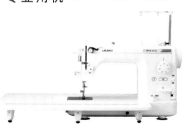

专门用来缝直线的缝纫机。注重针脚的美观、耐用性。比家用机动力更强，把牛仔布、帆布等厚布叠放起来，它也可以缝制。

● 下线装置的类型

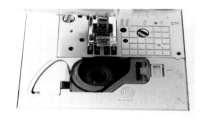

水平型下线装置

缝纫机是竖着的，与之相比，梭芯的配套装置是水平放置的。现在家用机多采用这种类型。因为针板盖是透明的，很容易看出线的余量。

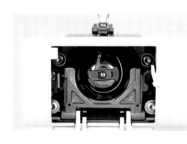

垂直型下线装置

把梭芯放入梭芯盒中，相对于缝纫机，梭芯的配套装置是垂直放置的。因为可以调整下线的松紧，所以以针脚的完成效果很稳定。

● 缝纫机周围理想的环境

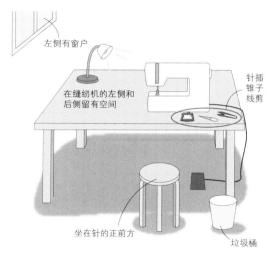

左侧有窗户

在缝纫机的左侧和后侧留有空间

针插
锥子
线剪

坐在针的正前方

垃圾桶

因为缝纫机有重量，会震动，建议把它放在桌腿稳定的桌子上。给缝纫机的左侧和后侧留出空间，身体的中心与缝纫机缝针下落位置的正前方对齐。如果左侧有窗户，自然光就能照进来，这种环境是最理想的；如果达不到，或者是夜晚作业，就用灯光来代替吧。如果有灯柱可以自由弯曲的桌灯，灯光就可以照到手边，非常方便。在缝纫机的周围，放上线剪、针插、锥子，在附近再放上垃圾桶，工作效率就会大大提高。

布的知识

选出与包的设计、尺寸、用途适合的布，做裁剪前的准备，这些工作都非常重要。

布的各部分名称

需要了解布的构造，分清横布纹、纵布纹。

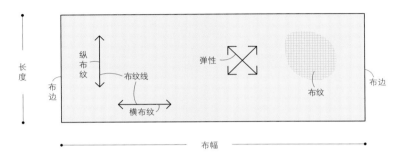

布边…布两端的织线（横向线）折回的部分。
布幅…布边到布边的距离。
纵布纹…与布边平行，纱线的方向是竖的。拉扯时，布几乎不伸展。
横布纹…与布边呈垂直方向，纱线的方向是横的。拉扯时，布容易伸展。
布纹…纵向纱线与横向纱线的织眼。
弹性…相对于布纹的方向它是斜的，45°方向是正弹性，伸展性最好。

布幅

布幅大致分为3类。制作大包时，需要根据布幅改变用布的长度。

单幅
90~92cm。多为府绸等。

普通幅
110~120cm。多为棉、麻等一般材质的布。

双幅
140cm以上。多为毛料、室内装饰布。

布的摆放方法

这些是制作方法中经常使用的词语，所以把它们记住吧。

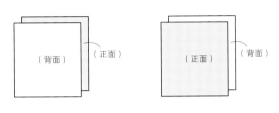

正面相对
把2片布的正面放在"内侧"，对齐。

背面相对
把2片布的正面放在"外侧"，对齐。

使用裁好的布料时的注意点

裁好的布料往往已经是30~50cm的方块了，布的使用量较少时，这个大小就很方便。但是，会出现由于长度不够，导致包的底部不能裁成一整片的情况，需要注意。制作大包时，如果购买2片，就不必担心布料不够。

适合制作包的布

以下材质的布料适合制作包包。当然，最重要的是选择自己喜欢的颜色和图案。

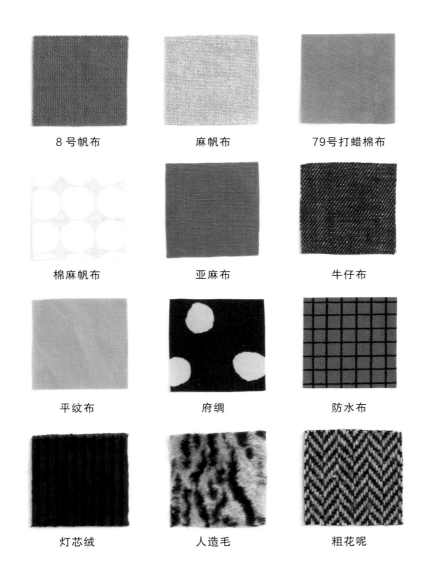

8号帆布	麻帆布	79号打蜡棉布
棉麻帆布	亚麻布	牛仔布
平纹布	府绸	防水布
灯芯绒	人造毛	粗花呢

8号帆布…用来制作船帆、帐篷等，是非常结实的平纹布。厚度用数字来表示，数字越小就越厚。家用缝纫机可以轻松缝8~11号帆布，建议使用它们。

麻帆布…用麻线织成的帆布。

79号打蜡棉布…79号棉布比11号帆布稍微薄点，织眼细小、密度高，把它浸入石蜡（paraffin）中做防水处理即成为本面料。

棉麻帆布…是用棉麻混纺的粗线织成的平纹布。在手工店可以买到的多为比11号帆布薄、软的布。

亚麻布…用亚麻的纤维织成的布。结实，手感干爽，越使用手感越好。吸水性、排水性、速干性都非常好。

牛仔布…把蓝染的纵向线和漂白的横向线织在一起，织眼密实，是非常结实的斜纹布。有多种厚度。

平纹布…织得较松，是较薄的棉布。有素色布、印花布，种类丰富。

府绸…手感顺滑，有光泽。除素色外，还有印花、先染、条纹等类型。

防水布…高密度织成的有防水性能的布。原本是为军用而开发的布，多用来制作军用外套。

灯芯绒…布的表面起绒，纵向呈垄状，也被称为"条绒""隆起的绒布"，是秋冬使用的布料。

人造毛…模仿天然皮毛，人工制造的皮毛风格的布。毛的排列有方向性。

粗花呢…用粗羊毛线织成的非常厚的布。使用几种不同颜色的先染线，就可以织出彩色、细致的花纹。图示的为人字呢。

布 的 正 背 面

布有正背面，但并不是说正面必须作为表面侧来使用。

● 区分方法

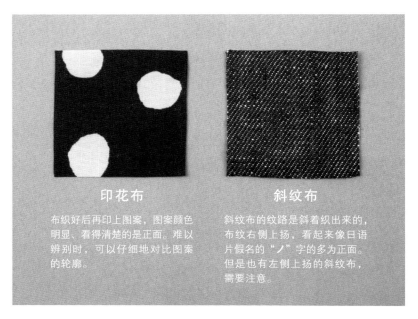

印花布

布织好后再印上图案，图案颜色明显、看得清楚的是正面。难以辨别时，可以仔细地对比图案的轮廓。

斜纹布

斜纹布的纹路是斜着织出来的，布纹右侧上扬，看起来像日语片假名的"ノ"字的多为正面。但是也有左侧上扬的斜纹布，需要注意。

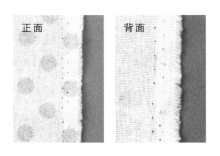

布边的针眼可以作为参考标准

正面　背面

布边上有织布时留下的小孔。一般来说小孔向外凸起的一侧为正面，但是也有很多相反的情况，这种方法仅作为参考。

分不清正背面时……

（背面）

自己分不清正背面时，请别人看也会一样看不出，这时用哪一面都可以。只是，在一个作品中，如果把两面混着用，由于光的作用等因素影响，布看起来会不一致。所以一旦决定把这面作为背面，就用遮蔽胶带等工具在裁好的每个布片上做上标记。

表布、里布厚度的平衡关系

表布厚、里布薄时，很清爽。反之，里布就会鼓起来，不够伏贴，有时缝份部分会露出来，出现在表面一侧。所以选择布时，要注意平衡。

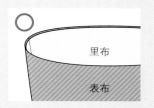

表布…牛仔布
里布…府绸

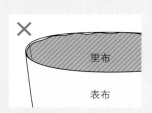

表布…府绸
里布…牛仔布

规 整 布 纹

为了裁剪顺利、做工漂亮，使亲手费工夫制作的包能够用得长久，准备工作很重要。

什么是过水、规整布纹

经常会遇到洗之后布缩水了、变形了、掉色了等。为了避免这些情况，提前浸水，让布缩水，这叫"过水"；矫正纵向线和横向线的歪斜，使布纹规整，这叫"规整布纹"。

〔 **裁布边** 〕

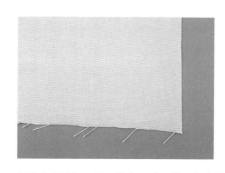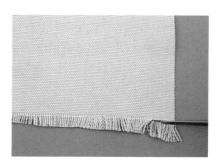

买来的布的切口端，就像照片一样，有裁斜的情况。为了把它变直，沿着横向的线再次修剪，这叫"裁布边"或者叫"整理布边"。把切口端多余的横向线拆下来，把剩下的麦穗状纵向线用剪刀剪去。

〔 **过水的方法** 〕

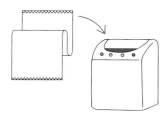

为防止布的切口端脱线，要进行之字形机缝，然后用洗衣机的普通模式洗涤、脱水，最后，把布纹整理成直角、阴干，在没干透的状态下进行熨烫，规整布纹。

〔 **规整布纹的方法** 〕

把歪的布纹拉成直角，然后烫平。

一定要过水吗？

如果包做好后，不打算洗涤，这样的话不过水也可以。但是，如果打算洗涤后再使用，不能只是稍微浸在水里、按压着洗，要用洗衣机好好地洗。特别是亚麻等容易缩水的布，过水后使用让人放心。

这种情况怎么办？

印花与布纹不吻合

布印上了格子图案，但是格子不是笔直地印在布纹上。这时，不能生硬地去规整布纹，要优先考虑图案。只是，一旦洗涤，有些布料也可能会因为材质发生扭斜。

布边歪斜

规整布纹时，导致布边歪斜，这时就先剪牙口，然后熨烫整理。

芯材知识

芯材能给包袋的边缘下方带来支撑力，在布包制作中起着非常重要的作用。如果使用得当，可以提升成品满意度。

什么是芯材

芯材能够加强结实度、厚度、弹力，是可以防止包变形的材料。

有黏合衬

没有黏合衬

左侧的两个布包，表布和里布使用的是相同的材料，包型也相同。左侧包在表布和里布的所有部位都贴了黏合衬，右侧包完全没有贴黏合衬。如图所示，黏合衬在表面看不出来，但是在里面支撑着布，起着骨架一样的作用。

黏合衬的种类

黏合衬的一面有黏合剂，把它用熨斗烫在布的背面。不管哪种类型的黏合衬都有多种厚度。

不织布黏合衬

由纤维从各个方向缠绕制作而成。不管从哪个方向进行裁剪都可以，完成效果挺括，有纵横方向的布料用它可以轻松搞定。

织成的黏合衬

与普通的布一样，是织成的，有布纹，所以可以把布纹与需要贴黏合衬的布的布纹对整齐，再进行粘贴。非常适合粘贴在布上，粘贴后给人柔软的感觉。

带胶铺棉

这种芯材是在薄薄地铺平的纤维上添加了黏合剂。需要作品有弹性时建议使用它。也叫"拼布芯"。粘贴时，把胶面朝上，再叠放布，从布这一侧进行熨烫。

黏合衬的正背面

把正背面弄错贴在了衬布上，用熨斗熨错面了……为了防止这些情况发生，在粘贴前必须确认好黏合衬的正背面。

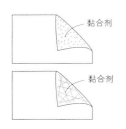

不织布黏合衬、带胶铺棉

附着有粉末状、蜘蛛网状的黏合剂。能看到反射着黏合树脂、发光的一侧就是黏合面。

织成的黏合衬

附着有圆点状的黏合剂。触摸时，有粗糙的黏合树脂的一侧就是黏合面。

黏合衬的粘贴方法

粘贴时关注 "温度" "压力" 和 "时间" 这些要素。

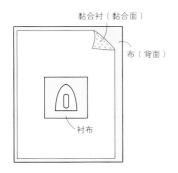

①把布的背面与黏合衬的黏合面对齐，在上面叠放上衬布。把熨斗设定为干熨、中温（140~160℃），从中心开始轻轻地粘贴。

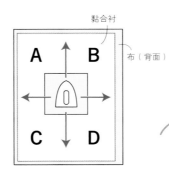

②粘贴面较大时，从中央呈十字向四个方向轻轻按压，从A到D按照顺序分块进行粘贴。

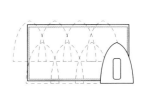

在一个地方利用体重紧紧地按压10秒左右，移动时不要滑动而是把熨斗提起来再按下重叠熨烫，不留空隙。注意蒸汽孔的部位也要熨烫，不能遗漏。另外，在热度消失前不要移动。

粘贴时的注意点

中间不要留有杂物

布和黏合衬之间如果有线头等杂物，粘贴后取不出来，所以粘贴前要仔细检查。

避免褶皱

薄的黏合衬特别容易产生褶皱，放衬布前要仔细检查，熨斗熨烫时绝对不能滑动。

熨斗没有标记温度时

熨斗没有标记温度、材料名称时，就设定在熨烫羊毛、真丝、涤纶的挡上，它相当于中温。

试粘贴

黏合衬有很多种厚度，在正式粘贴前，先试粘贴。

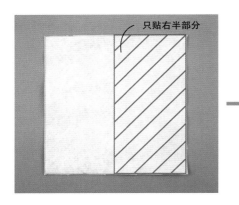

把实际使用的布和黏合衬裁剪成15cm见方左右，只贴右半部分。

试着撕开

把黏合衬试着撕开，如果很容易剥离开，就用熨斗再次熨压使之黏合。如果还是能剥离，就说明布和黏合衬不合适，要换别的芯材。

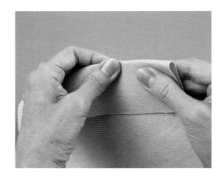

检查厚度、表面

检查一下厚度、柔软度等是否合适，黏合剂是否渗透到表面。

不织布黏合衬
还有这样的用法

不织布黏合衬没弹力、挺括，把它粘贴在包身的各部分时，可以使用简便的方法：把实物大纸型直接描在它上面，或者在它上面直接画纸型。另外，贴了黏合衬的布边切口不容易脱线，而且便于折叠缝合，即便机缝也不会变形等，非常好打理。

描纸型

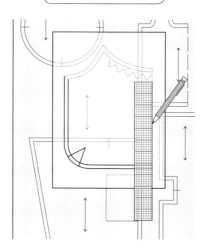

在实物大纸型上叠放不织布黏合衬，使用自动铅笔等描出线迹。

画纸型

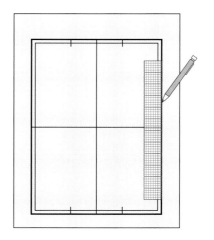

量出制作方法上标记的尺寸，使用自动铅笔等工具直接画线。

底板知识

包底布较宽时，放入底板，包就会变得有型。把底板做成可拆卸的，包就可以进行清洗。

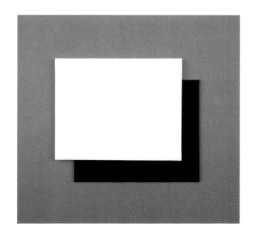

适合做底板的材料
聚酯树脂板

它是薄板状芯材，可以在手工店、包袋材料店买到。有黑色和白色，可以根据布料的颜色进行选择。厚度有很多种，0.5~3mm都有，1~1.5mm的较好用，建议买这个厚度的。

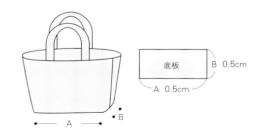

决定底板尺寸的方法

如果使用与包底尺寸完全一样的底板，包底布会显小，包不住底板，所以底板要比包底尺寸长宽各小0.5cm。底板较厚时，减少的尺寸建议比0.5cm更多。

● 裁切

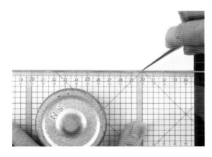

1 因为容易打滑，所以用尺子压紧，用锥子画出印记。同一条印记要用锥子多画几次，再进行剪切。

2 沿着画好的印记，就可以剪切得很漂亮。印记的槽较深时，使用轮刀切开也可以。

为了不让聚酯树脂板的尖角伤到包布，可以把它裁成135°或者弧形。

● 底板的制作方法

1 裁剪底板袋时，在2倍包底尺寸的周围加1cm的缝份，再裁开。正面相对，留一个短边不缝，缝合其余边，翻到正面，装入聚酯树脂板。

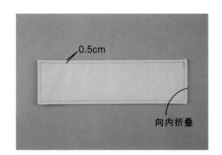

2 把开口端的缝份向内折叠，沿着缝份内侧0.5cm处，连同聚酯树脂板一起缝一周。

也可以直接缝合

也可以把裁好的聚酯树脂板叠放在里布的底面上，直接进行缝合。叠放在底面上后，在内侧0.5cm处缝合。这时，把里袋的返口留大一些就可以了。

纸型的制作和裁剪

裁剪是最需要小心、最花时间的工序。认真检查之后，再用剪刀或者轮刀进行裁切。

确定操作顺序

根据有无纸型、黏合衬的使用方法等，来制订出合理的、不浪费时间的操作顺序。

直接裁剪

不制作纸型，直接在布、黏合衬上画线，然后裁剪。

全覆盖式贴不织布黏合衬时

在不织布黏合衬上画出需要的尺寸，或者做好标记，然后贴在布上，再进行裁剪。

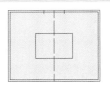

不贴黏合衬时

在布上直接画出需要的尺寸，或者做好标记，然后裁布。

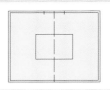

使用实物大纸型

描出书中的实物大纸型，再裁开。

全覆盖式贴不织布黏合衬时

把不织布黏合衬叠放在纸型上，画线，贴在布上，再裁开。

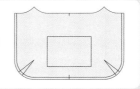

不贴黏合衬时

把转印纸等透明的纸叠放在纸型上画线，然后在布上画出标记，再裁开。

使用织成的黏合衬时

织成的黏合衬太过柔软，不能像不织布黏合衬那样在上面画出纸型，所以，裁剪时尺寸要比实际粘贴的部分大一圈（粗略裁剪），然后贴在布上，再裁开。裁剪方法参照"不贴黏合衬时"。

只贴一部分时

制作口袋、提手等时，只给一部分贴黏合衬，这时需要把各部分及黏合衬分别裁好后，再进行粘贴。

直接裁剪

● **全覆盖式贴不织布黏合衬时**

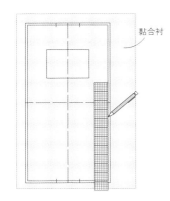  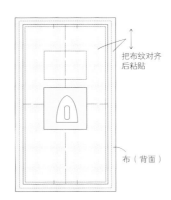 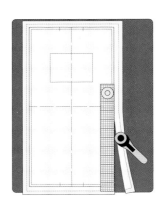

1 按所需尺寸用方格尺和自动铅笔把图形正确地画在没有涂黏合剂的面上。水消笔所画的线迹摩擦后会消掉，热熔笔的标记在遇到热熨斗后也会消掉，所以不建议使用。

2 在裁剪线的周围要稍微留点余地，用裁纸刀裁开。

3 把在黏合衬上画好的部分与布纹对齐，然后贴在布的背面侧。

4 使用方格尺和轮刀把布裁开。

● **不贴黏合衬时**

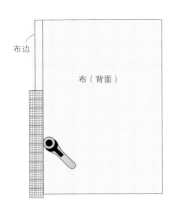 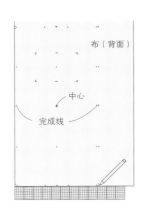 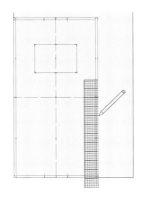 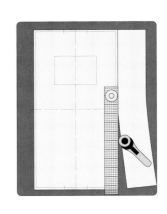

1 把布边整理好，与布边平行把布裁开。

2 用方格尺量好所需尺寸，用画线笔做上标记。

3 把标记点连成线。

4 使用方格尺和轮刀把布裁开。

使用实物大纸型

● 全覆盖式贴不织布黏合衬时

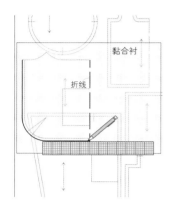

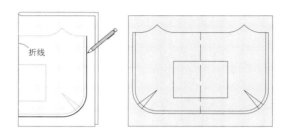

1 把黏合衬叠放在实物大纸型上，直线部分使用尺子和自动铅笔描线。纸型只画了一半时，需要准备能画出整体纸型的黏合衬，描出一半。

2 把黏合衬沿着"折线"折叠，之前画好的一半的线迹会透过来，描出另一半即可。

折叠时注意

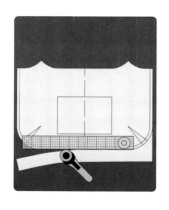

对折时，要把外凸的折线折正确。如果折歪了，展开时会变形。

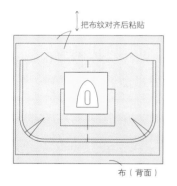

3 把黏合衬上画好的部分与布纹对齐，贴在布的背面侧。

4 使用方格尺和轮刀把布裁开。

注意

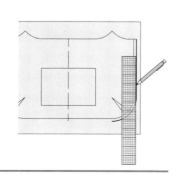

使用不带缝份的实物大纸型时，需要再用方格尺画出指定尺寸的缝份。

表布有黏合衬，里布没有黏合衬时怎么办？

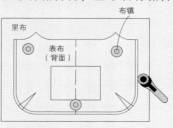

首先把表布按照上述方法裁开。把裁开的表布叠放在里布上，用轮刀裁里布，或者描出轮廓后再裁开。裁布时注意不要裁到表布。

● 不贴黏合衬时

转印纸

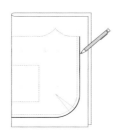

当实物大纸型不带缝份时，用方格尺添加上指定尺寸的缝份。

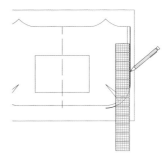

1 把转印纸叠放在实物大纸型上，直线部分用尺子、自动铅笔描下来。纸型只画了一半时，需要准备能画出整体纸型的转印纸，描出一半。

2 把转印纸在"折线"处对折，再把透过来的另一半描出来。

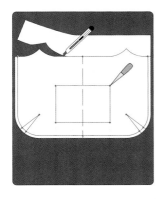

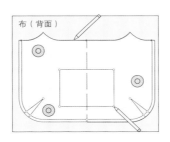

布（背面）

3 把描好的纸型用裁纸刀裁开，在合印、安口袋位置、拐角、褶子等这些有标记的位置用锥子开孔。

4 把纸型和布纹对齐，在布的背面放上纸型，用自动铅笔把纸型的轮廓描出来。在步骤3开好的孔处插入画线笔，做上标记。

5 去掉纸型，用轮刀裁开。

做标记的方法
不贴黏合衬时，如果需要做标记，建议根据布料、部位来选择合适的方法。

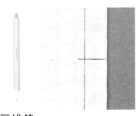

画线笔

画线笔可以在布上直接做标记。根据布料的颜色，选择容易看清的笔。有些笔迹遇热、遇水会消失，在使用蒸汽熨斗时需要小心。

骨笔

骨笔可以加深折痕印记。用它可以从背面把标记留在表面，可以给2片叠放的布留下标记。适合帆布等布纹密实的布料。

锥子

给布开孔、做标记时使用。在需要安固定工具的位置上使用它。不适合用在粗花呢等粗质布、防水布等材质上，需要注意。

凹槽剪

用于给缝份剪2mm左右的牙口。不论什么布都可以使用，但是不能在完成线内侧做标记，使用时需要结合其他方法。

图案选取

什么是图案选取

使用有花纹的布时，"侧边缝合后，图案看起来要连接在一起"或者"图案是有规律的、连续的，要左右对称地摆放"，这就叫"图案选取"。有规律的图案一般指有上下方向的图案、格子、条纹、圆点等，如果这些有规律的图案选取得当，完成效果就很漂亮。根据图案的大小，裁布时比制作方法上写的尺寸多准备10%~20%的布料比较稳妥。

● 不需要图案选取的布

图案很细小、没有上下方向，或者是无规则摆放的、随意无序的，这些情况下不进行图案选取也可以。

● 图案选取的方法

有上下方向的图案

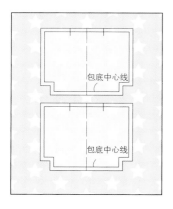

正确　把有上下方向的图案分为前后片，在包底连接缝合就可以了。

 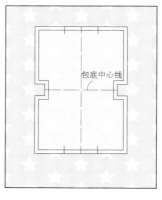

欠妥　如果连着裁成一整片，有一面的图案方向就会是倒的。

竖条纹

想使包底图案连成一体，但是长度不够、横着并排裁剪时，注意把前后片的中心线裁成相同的图案。

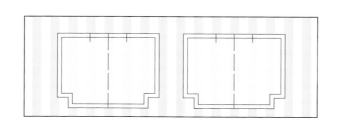 

横条纹

没有上下方向的横条纹

裁剪时，把包底中心线对着横条纹的中心线，这样袋口就会呈现相同的图案。

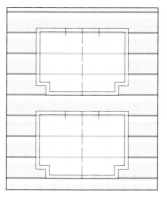

有上下方向的横条纹

横条纹有上下方向，裁剪时要使侧边能够连接起来，在包底进行连接缝合。

格子

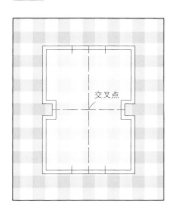

上下、左右都对称的格子

如果是上下、左右都对称的方形格，就把包底中心线、前后片中心线的交叉点和格子的中心对齐，这样侧部、中心就可以呈现相同的图案。

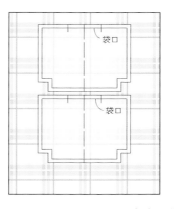

有上下、左右方向的格子

为了使前后片的中心线和袋口呈现相同的图案，要考虑好连接方法再进行裁剪。

圆点

折叠后进行裁剪时，要把包底中心线与前后片中心线的交叉点与圆点的圆心对齐，这样侧边和中心就可以呈现相同的图案。裁剪及缝合包底前，把前后片中心线、包底中心线和袋口确认一下，呈现相同的图案后再进行。

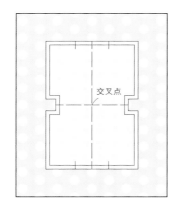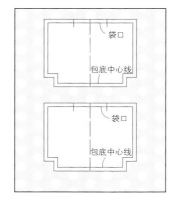

缝前固定

为防止两片布在缝合时发生错位，先把它们固定住，再进行实际缝合。

珠针

用珠针固定时，珠针与完成线呈垂直方向插入。为了避免机缝针碰到它，必须在机缝针快到时提前把它拔掉。

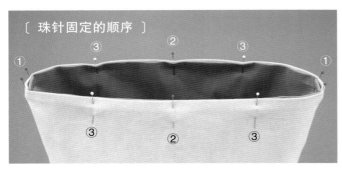

〔 珠针固定的顺序 〕

①把侧边缝线对齐，固定两侧。②固定中点。③固定中点两侧。

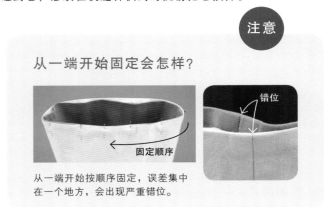

从一端开始固定会怎样？

固定顺序

错位

从一端开始按顺序固定，误差集中在一个地方，会出现严重错位。

错误的固定方法

斜着固定

如果固定方向各种各样，也容易发生错位，因为固定得不紧。

与缝线方向平行进行固定

机缝时，珠针容易挂到压脚，所以非常危险。不过，手缝时不容易扎到手，平行固定也可以。

固定夹

像帆布这样较厚的布以及容易留针眼的布，用固定夹来固定。固定顺序与珠针的相同。

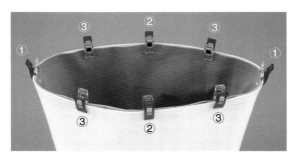

粘贴固定

珠针固定的是点，粘贴固定的是线，是更加不容易发生错位的固定方法。

〔 布用双面胶带 〕

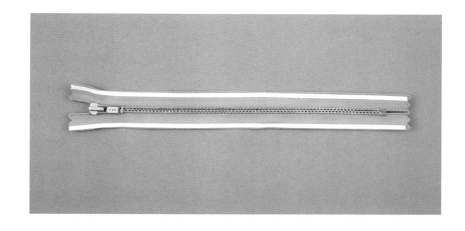

宽度为2~3mm的双面胶带，用来固定拉链等难以熨烫的地方。如果完成后想洗掉，就使用水溶性胶带。机缝时，为了避免碰到它，需要把它贴在边缘处。

〔 热熔胶带 〕

提手

缝前固定提手、袋口的两片布时，建议使用它。用熨斗的中温（140~160℃）来粘贴。即便缝到这种胶带也不会发黏，完成后也可以洗涤。需要注意的是，如果使用的布不能进行中温熨烫，就不能用这款胶带。

〔 热熔线 〕

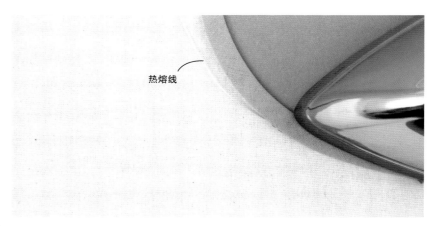

热熔线

遇热熔化并粘住布料的线。把它夹入布与布之间，用蒸汽熨斗熨烫，就能完全黏合。适合有小弧度的地方，可以用来粘贴包边条等细小部分。

布用双面胶带及热熔胶带的合作单位：可乐；热熔线的合作单位：富士克

缝纫机的基础知识

布准备好了，我们就赶快坐到缝纫机前吧。
开始缝之前，先复习一下基础知识。

各部分名称

由于生产厂家、机种的不同，缝纫机看起来有所不同，但是基本构造是相同的。
请大家对照着缝纫机说明书，确认一下。

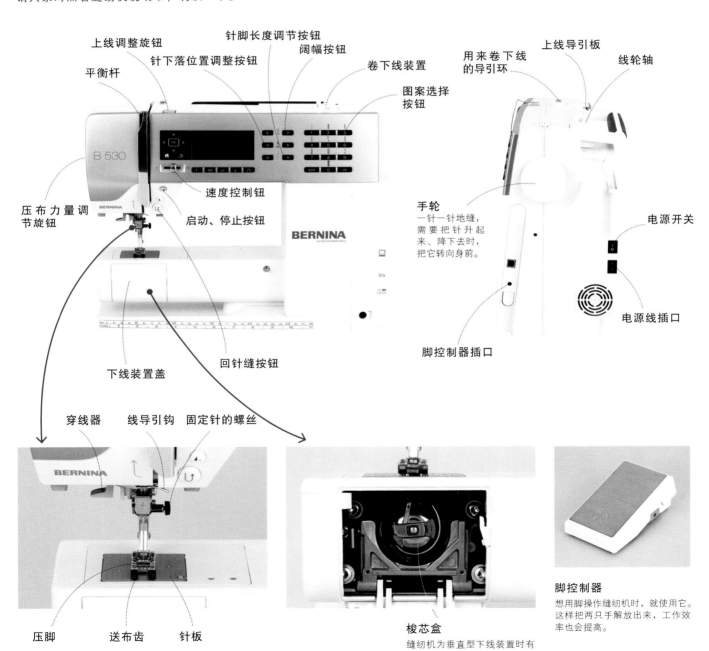

上线调整旋钮
针脚长度调节按钮
阔幅按钮
针下落位置调整按钮
卷下线装置
平衡杆
图案选择按钮
用来卷下线的导引环
上线导引板
线轮轴

手轮
一针一针地缝，需要把针升起来、降下去时，把它转向身前。

压布力量调节旋钮
速度控制钮
启动、停止按钮

电源开关

脚控制器插口
电源线插口

下线装置盖
回针缝按钮

穿线器　线导引钩　固定针的螺丝

压脚　送布齿　针板

梭芯盒
缝纫机为垂直型下线装置时有这个部件。

脚控制器
想用脚操作缝纫机时，就使用它。这样把两只手解放出来，工作效率也会提高。

28

梭芯和梭芯盒

机缝时，需要有上线和下线。使用下线时，需要把机缝线卷入梭芯再使用。

〔 梭芯的种类 〕

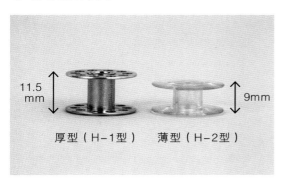

11.5mm　9mm

厚型（H-1型）　薄型（H-2型）

金属梭芯

缝纫机为垂直型下线装置时，使用金属梭芯。如果下线装置为水平方向时，金属梭芯会伤到内部零件，需要注意。

塑料梭芯

缝纫机为水平型下线装置时，使用它。

梭芯是用来卷下线的，因高度、材质不同，有好几种。如果使用了不适合的梭芯，会导致缝纫机发生故障，所以替换时，请务必使用与缝纫机附带梭芯相同类型的梭芯。

〔 梭芯盒 〕

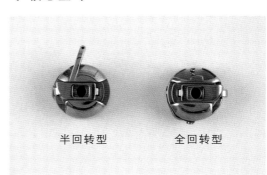

半回转型　全回转型

使用垂直型下线装置缝纫机时，把梭芯装入梭芯盒中再使用。半回转型梭芯盒，多用于家用缝纫机，下线装置的拆解与安装都很简单，特点是容易上手。全回转型梭芯盒，用于一部分家用缝纫机和专业缝纫机，特点是线不易缠绕。

布、针和线

为了缝得漂亮、结实，请使用与布匹配的针和线。
机缝针的号数越大就越粗，机缝线的号数越大就越细。

布		机缝针	机缝线
薄	细麻布	＃9、11	＃90
普通	府绸、平纹布、亚麻布、防水布、棉麻布、11号帆布、薄牛仔布	＃11	＃60
厚	8号帆布、厚牛仔布、灯芯绒、粗花呢	＃14、16	＃30

机缝针合作单位：可乐；机缝线合作单位：富士克

卷下线

给梭芯卷上机缝线，做好下线的准备工作。

● 缝纫机不同，操作顺序也有可能不一样，请阅读自己的缝纫机说明书。

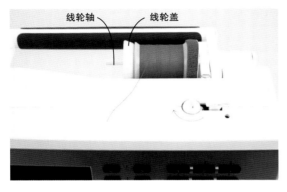

1 把机缝线以顺时针出线方向插在线轮轴上，再把线轮盖盖紧。如果有缝隙，线轮会发生空转，需要注意。

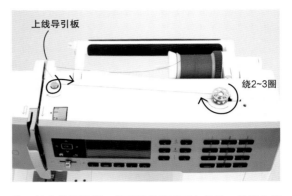

2 给上线导引板、绕下线的导引环上好线，把线的端头在空梭芯上绕2~3圈，然后把梭芯插入卷下线的装置里。插入时，梭芯的槽要与装置的凸起对齐，要插到底。

3 开始卷线。

4 梭芯卷满线后会自动停止，然后把它从缝纫机上取下来，剪断线。只需要少量的线时，中途停止也可以。

线轮盖的尺寸

使用的线轮盖要与线轮尺寸相符。如果使用的线轮盖比线轮头部小，线轮边缘上有用来固定线端的切口，这个切口就会挂线，导致上线被割断。

线要均匀地卷好

○   ✕ 太松   ✕ 偏向一侧

如果下线卷得不好，会导致针断掉，线的松紧出现问题。

装下线

接着要把梭芯装在缝纫机里。在这里，分为垂直型下线装置、水平型下线装置进行解说。

● 垂直型下线装置

1 梭芯上的线呈顺时针方向，确认方向正确后把梭芯插入梭芯盒中。

2 把线拉入切口槽中。

弹片

3 为了不让梭芯转动，轻轻地按住它，把线拉入弹片的下方。

4 从T形的洞中把线拉出。确认一下：拉动线时，梭芯是否会顺时针转动。

把针升上去

对准槽口

5 抬起机缝针，切断电源。打开下线装置盖，拉起梭芯盒的拉片部分，然后捏住，把突出的尖端朝上对着槽口插入。

6 要插到下线装置的底部。这一整套的安装方法，如果只是进行到一半就启动缝纫机，会造成缝纫机重大故障，所以一定要注意。

● 水平型下线装置

1 抬起机缝针，切断电源。打开针板盖。把梭芯卷线的方向摆放成逆时针。

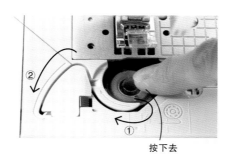

按下去

2 用右手把梭芯轻轻地按下去，同时用左手把卷好的线一端缠在手指上，沿着槽过线，把多余的线剪断。

3 关上针板盖，安装结束。

穿上线

放下压脚，控制上线松紧度的零件就锁住了，
所以，穿上线时，抬起压脚是关键。

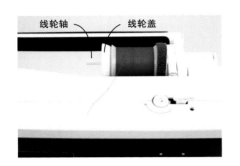

1 切断电源前，一定要把针和压脚升起来。把线轮插在线轮轴上，注意线轮的线为顺时针方向，套上大小合适的线轮盖。

2 把线拉入上线导引板。用双手把线拉紧，这样容易操作。

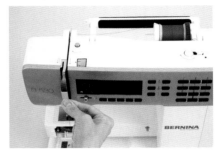

3 沿着槽穿入。在槽里面有控制上线松紧度的弹簧，所以要把它在里面穿牢固。

4 沿着平衡杆罩的右侧，把线拉到底再折返。沿着平衡杆的右侧把线拉上来，穿入平衡杆。

5 穿过平衡杆的左侧，挂在平衡杆罩下方的线导引钩上。

6 给线导引钩穿好线的状态。

7 使用穿线器给针穿线。不使用穿线器时，从前往后穿线。

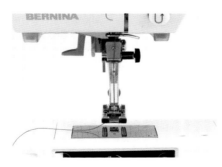

8 上线穿好了。

引出下线

上下线都装好后，要把下线引到针板上。

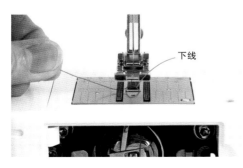
下线

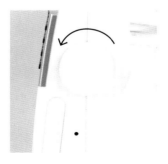

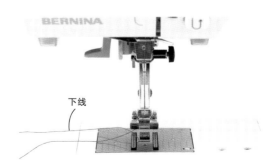
BERNINA
下线

1 用左手轻轻捏住上线的端头，右手把手轮转至前边，使针下降，然后继续转动手轮，使针上升到最高点。下线就从针板呈环状被引出来了。

2 慢慢把上线拉至上面，把下线的端头带出来。

注意

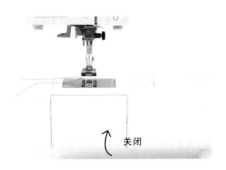
关闭

3 检查一下梭芯盒是否装好了，如果没有问题，就关闭下线装置的盖子。

下线如果没有拉出来，就不行吗？

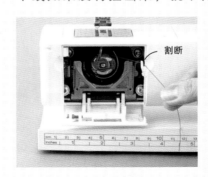
割断

最近缝纫机出现了新的机型，起缝时，没有拉出下线也能完美地开始缝合。这里介绍的缝纫机，也是把下线留出合适的长度然后割断，不拉出下线也可以。但是，打褶子时，要抽紧线的端头，所以需要把下线拉出来。

缝纫机的保养

为了针脚漂亮、缝得顺畅，同时也为了避免出故障、能够长时间使用，需要定期给缝纫机做保养。

清扫

1 切断电源，按照缝纫机缝针、压脚、针板的顺序进行拆除，用刷子清除送布齿里的灰尘。线头用小镊子夹出来。

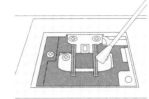

2 拆开里面的下线装置，用刷子清除下线装置周围的灰尘。看看说明书，如果缝纫机是需要加机油的类型，就给它加油。

机缝针是消耗品

机缝时，针尖在摩擦中损耗会变成圆形。用手指尖轻轻地摸一下，如果没有扎的感觉，就说明针尖变圆了。时常检查一下，在针折断前就把它更换掉。

试 缝

没准备好就开始缝，有可能导致失败，为了避免这种情况的发生，先用布头做下"热身运动"。

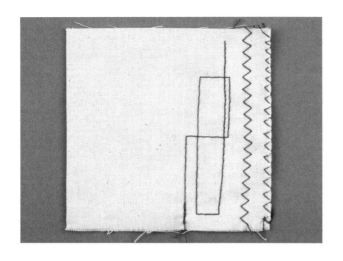

正式缝制前需要确认的事项

把实际要缝的两片布叠放，然后直线缝或者之字缝。需要确认针脚的长度、之字缝的摆动幅度、缝线的松紧是否合适。

线 的 松 紧

缝纫机通过上下线的交错把布缝合在一起。当上下线力量均匀地交织在一起时，就是线的正确松紧状态。

●缝合时上线使用了红色、下线使用了黑色。

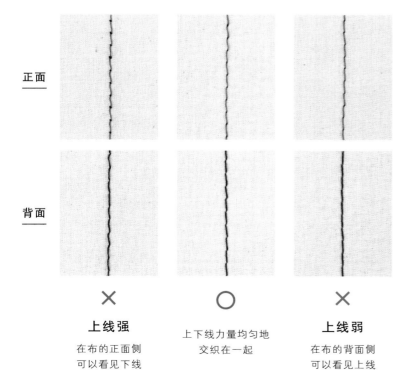

	正面	背面

× **上线强**
在布的正面侧可以看见下线

○ 上下线力量均匀地交织在一起

× **上线弱**
在布的背面侧可以看见上线

调整线的方法

●调整上线

需要弱化上线的力量时，把上线调整旋钮的数字调小，增强时，把数字调大。

●调整下线（只适用于垂直型下线装置）

是垂直型下线装置时，可以调整下线的力量。把控制弹簧的螺钉用螺丝刀拧转，然后拎着线端头使下线盒下垂，下线盒向下移动时，线发出咝咝的声音，这表明下线的力量刚刚好。如果不会调整下线，则尽可能调整上线。

回针缝

为了防止线的端头脱线，在起缝和止缝时都一定要回针缝。

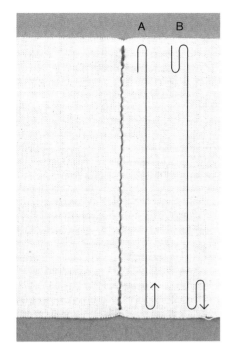

回针缝按钮

起缝和止缝时，要按下回针缝按钮，回针缝3针左右。通常，用A类的回针缝就可以，但是，缝口袋口等受力部位时，需要用B类的回针缝法，往返多次，把它缝结实。

注意

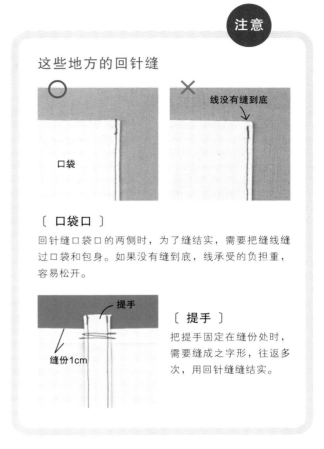

这些地方的回针缝

○   × 线没有缝到底

口袋

〔 口袋口 〕

回针缝口袋口的两侧时，为了缝结实，需要把缝线缝过口袋和包身。如果没有缝到底，线承受的负担重，容易松开。

提手

缝份1cm

〔 提手 〕

把提手固定在缝份处时，需要缝成之字形，往返多次，用回针缝缝结实。

倒缝份和劈开缝份

缝好之后需要立刻处理缝份。用熨斗把缝份认真地熨平，这道工序关系到作品的完成效果是否美观。

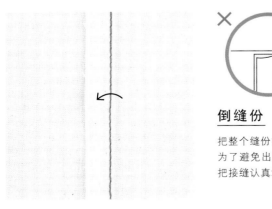

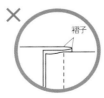
褶子

倒缝份

把整个缝份折向一侧。为了避免出现褶子，要把接缝认真地折好。

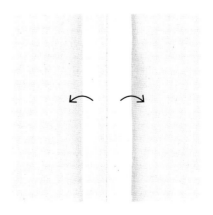

劈开缝份

把缝份向两侧展开、折叠。因为要分散缝份的厚度，所以要熨平整。

缝直线的诀窍

通过把缝纫机针板的线、压脚的宽度、针的位置调整好，
然后找到需要缝制的宽度导引线，就可以顺利地缝好。

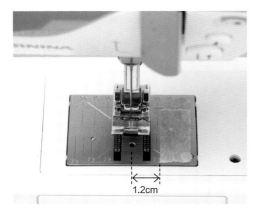

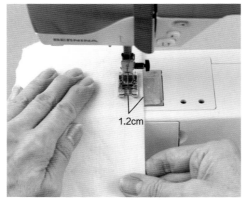

给布边做标记

缝纫机的针板上画着导引线，好好利用它吧。这个导引线显示的是针落下位置到布边的距离，所以如果把布边与这条线对齐，就可以使缝份保持相同的宽度一直缝下去。如果导引线中没有想要的宽度时，就用尺子从落针处量出需要的距离，贴上遮蔽胶带作为标记，这样就很明确了。

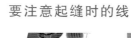

要注意起缝时的线

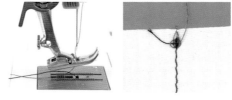

起缝时，要把上下线都放到后侧去，请养成这样的习惯。这样做，可以防止上线在布的背面侧发生缠绕而成一团。

线头的处理

为了使线迹在正面看起来很漂亮，需要把线的端头处理好。
起缝时如果好好地回针缝，线的端头就不容易散开，这样端头不用打结，直接剪断就行。
● 缝合时上线使用了红色、下线使用了黑色。

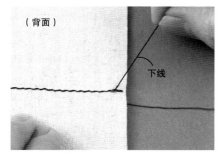

1 看背面，如果拉紧下线，就会出现圆环状的上线。

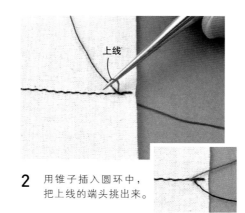

2 用锥子插入圆环中，把上线的端头挑出来。

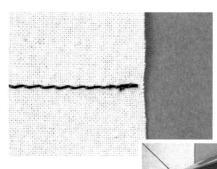

3 在线的底部把线剪断。如果仍然担心脱线，把上下线打结，留点线头，再剪断线。

基本缝法

习惯以后，就可以看着导引线进行缝合了，
尚未习惯使用导引线时，建议在布上画上线，在线上缝合。

● 缝直角

1 用直线缝缝到直角处，在针插入布中的状态下停下来。

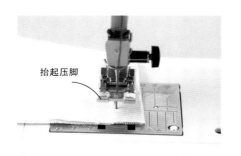

抬起压脚

2 抬起压脚。

3 以针为轴心，转动布，把布转向针要前进的方向。

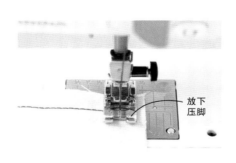

放下压脚

4 放下压脚。

5 继续缝合。

● 缝弧线

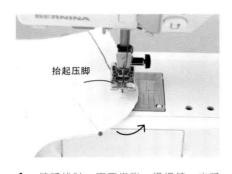

抬起压脚

1 缝弧线时，不要慌张，慢慢缝。当弧线不好缝时，把针停在插入布的状态，抬起压脚，移动布来改变前进方向。

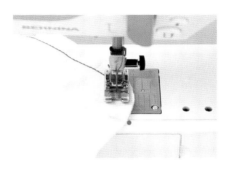

2 再次放下压脚，进行缝合。当没有画出完成线时，把落针位置正对的布边沿着导引线进行缝合。

布边的处理

做单层布包时，布边如果不进行处理会脱线，所以袋口、侧边等处，要根据布包的设计，用适当的方法进行处理。

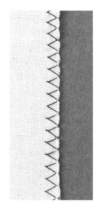

之字形机缝

这是家用缝纫机标准配置的线迹。之字形的一侧在布上，另一侧针要落在接近布边的外侧。但是，如果布非常薄时，容易把布卷进去，建议在布边稍微内侧处机缝。

锁边

这是家用缝纫机用来防止脱线的线迹。针对厚布、薄布、针织物等不同面料，有很多种线迹，请阅读缝纫机的说明书来决定使用哪种吧。

锁边机

这是专用锁边机缝出来的线迹。缝合时使用2~4根线，完成效果与购买的成品一样。

〔 折叠2次缝 〕

在缝单层布包的袋口等处时使用，方法是把布边折叠2次，然后缝合。第2次折叠的幅度比第1次要宽。完成效果薄且利索。

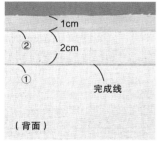

1cm
②
2cm
①
完成线
（背面）

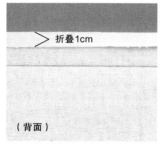

折叠1cm
（背面）

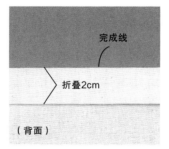

完成线
折叠2cm
（背面）

（背面）

1 首先，距布边3cm画出完成线（①），然后距布边1cm画出折线（②）。这里的缝份为3cm。

2 把布边在1cm处折叠。

3 在完成线处折叠。

4 在外折线边缘机缝。

〔 等幅折叠2次缝 〕

在缝单层布包的袋口等处时使用，方法是把布边折叠2次，然后缝合。第2次折叠的幅度与第1次相同。完成效果较厚且非常牢固。

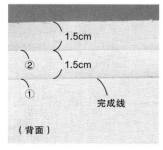

1.5cm
②
1.5cm
①
完成线
（背面）

折叠1.5cm
（背面）

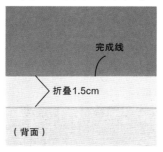

完成线
折叠1.5cm
（背面）

（背面）

1 首先，距布边3cm画出完成线（①），然后距布边1.5cm画出折线（②）。这里的缝份为3cm。

2 把布边在1.5cm处折叠。

3 在完成线处折叠。

4 在外折线边缘机缝。

〔 袋状缝 〕

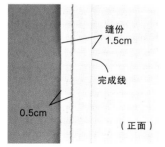

在制作单层布包的侧边时，需要用到它。
缝法是从正面和背面各缝1次，共缝2次，把布边藏在缝份中。

缝份
1.5cm

完成线

0.5cm

（正面）

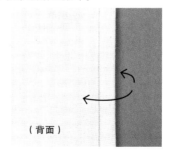

倒缝份

（正面）

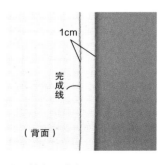

（背面）

1cm

完成线

（背面）

1 把两片布背面相对对齐缝合，缝合线距布边0.5cm。这里的缝份为1.5cm。

2 用熨斗来倒缝份。

3 展开布，这次把2片布正面相对对齐。

4 缝合完成线。

〔 劈开暗缝 〕

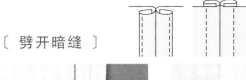

把缝份劈开，再把缝份折进去，是藏起布边的缝法。

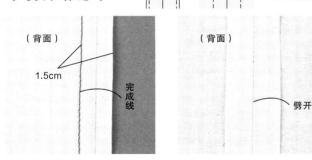

（背面）

1.5cm

完成线

（背面）

劈开

（背面）

折线

（背面）

1 把2片布正面相对对齐，缝合完成线。这里的缝份为1.5cm。

2 劈开缝份。

3 把缝份的一半折进去。

4 沿外折线进行端口缝。这样就把3层布缝在了一起。

〔 折叠暗缝 〕

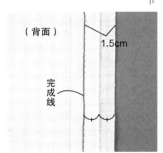

把一侧的缝份剪短，用没剪的缝份包住剪短的缝份然后缝合的方法。

（背面）

1.5cm

完成线

（背面）

折线

（背面）　（背面）

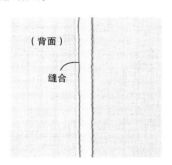

（背面）

缝合

1 把2片布正面相对对齐，缝合完成线，把一片布的缝份剪去一半。这里缝份为1.5cm。

2 用长缝份包住短缝份，把布边进行折叠。

3 展开布，倒缝份，注意倒缝份时要看不见布边。

4 沿外折线做端口缝。这样就把4层布缝在一起了。

需要记住的缝法

根据布包的设计，有时会出现一些仅靠直线缝不能完成的部分。希望您能掌握这部分的缝法。

〔抽褶缝〕

这种缝法是把布边缩小、做出细小的褶子。

● 这里为了让大家看清楚，机缝时上线用了红色线、下线用了黑色线。

在纸型上抽褶缝的记号为波浪线，含意是把标有这个记号的部分缩小到指定的尺寸。

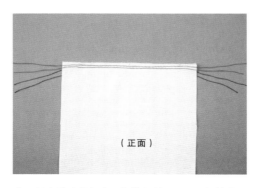

（正面）

1 设定针脚的长度，把旋钮转到3~5。起缝前，把线头留出10cm左右，在缝份内侧缝2条线迹。止缝后，也要把线留10cm左右再剪断。

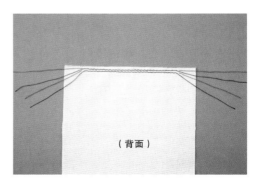

（背面）

2 把上线线头留在背面。

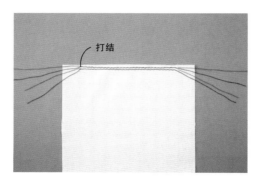

打结

3 为了方便固定打好的褶子，把一侧的线打结。

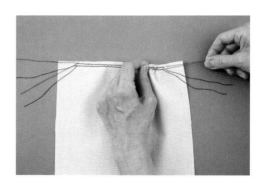

4 把2根上线一起捏住，抽线。当下线好抽时，也可以先抽下线。

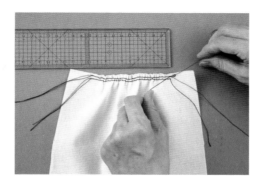

5 抽到指定的尺寸，在线的端头打结。

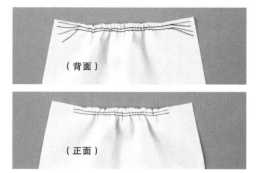

（背面）

（正面）

6 为了防止多余的线头碍事，把线头剪去。用熨斗熨烫，使褶子伏贴。

〔 V形褶 〕

把布缝成立体造型的方法。

纸型的记号

这种褶子的线迹为2根线呈V形在尖端会合。

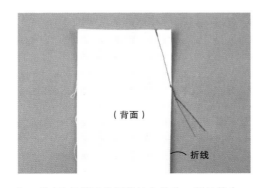

（背面）

折线

1 把有2条褶子标记线的布叠放，然后缝合。线头留长些再剪断。在尖端起缝容易掌握，还不熟练时，建议从V形褶的尖端起缝。

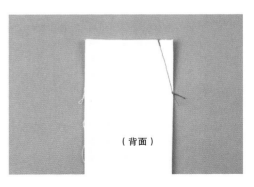

（背面）

2 在针脚的边缘给线端打结，留1.5cm左右的线头然后剪断。如果是厚布，不会给布的正面带来影响，可以按照普通操作，回针缝后就结束。

（背面）

3 用熨斗使褶子倒向一侧。

（正面）

4 从正面看，布就成为立体的了。

〔 折褶 〕

把布折叠，缝成褶子的缝法。

纸型的记号

这种折褶的记号是在2条竖线之间加入斜线。

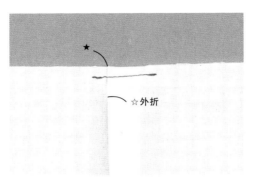

★

☆外折

折叠出褶子，把缝份做缝前固定。

○

从布的正面看，是把斜线较高的竖线外折后，叠放在较低的竖线上。

✕

把斜线较高的竖线外折，再把较低的竖线内折，这样打的褶子宽度就比指定尺寸多了1倍，需要注意。

〔 直线和弧线的缝合 〕

底部是弧线的包身，要与直线的侧布缝合，这时就需要用到这种缝法。

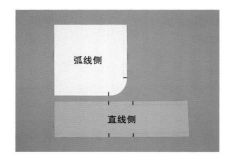

1 在两块布的弧线起点和终点都标上合印。

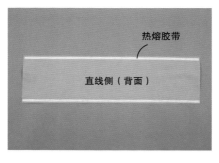

2 在直线侧的缝份上贴上起固定作用的热熔胶带。

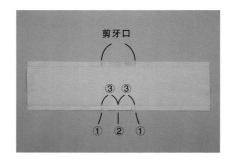

3 去掉热熔胶带上的剥离纸，在弧线部分的缝份上标记牙口，牙口剪至距离完成线0.2cm处。①为弧线起点和终点的合印，②为它的中点，③为在它之间等距离标记剪牙口位置。

4 把弧线侧和直线侧正面相对对齐，用熨斗熨烫使热熔胶带把缝份固定住。把直线侧与弧线侧合印对齐后，给直线侧的缝份剪牙口。

5 把弧线侧放在下面，缝合完成线。弧线难缝时，把压脚换成单压脚会容易些。

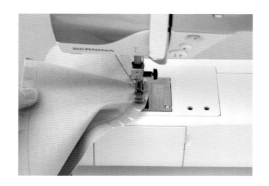

6 为了防止起褶子，必须使针落下的地方平展，缝的时候，要时常整理直线侧。

7 直线侧和弧线侧漂亮地缝在了一起。用熨斗倒缝份，然后翻到正面，完成效果很自然。

〔 端口缝 〕

给布边机缝，叫作"端口缝"。这种缝法出现在提手、袋口等许多地方。

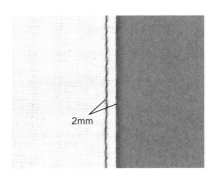

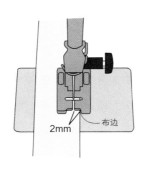

2mm

布边

2mm

这时，要以压脚前侧的凹槽为基准，在布边内侧2mm处缝合。就像这样，凭借缝纫机压脚的宽度、针的位置等要素，可以把握布边与哪里对齐，缝合完成后缝份是多少，然后就以固定的宽度直线缝下去。

继续缝好

缝完或回针缝后，线不要剪断，保持住继续缝，这样线的端口在背面也不会发生缠绕，可以节约用线。最后把中间连接的线剪断就可以了，线头的处理也很轻松。

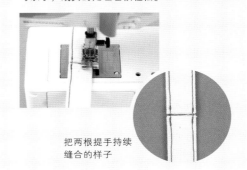

把两根提手持续缝合的样子

〔 缝筒状 〕

这种缝法出现在缝袋口时。

● 当缝纫机有自由臂时

去掉缝纫机的桌板，套上袋口，缝合。

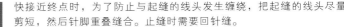

缝合结束　快接近终点时，为了防止与起缝的线头发生缠绕，把起缝的线头尽量剪短，然后针脚重叠缝合。止缝时需要回针缝。

● 当缝纫机没有自由臂或者筒状很小时

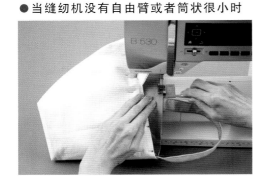

不能套在缝纫机上缝合时，就在内侧进行缝合。

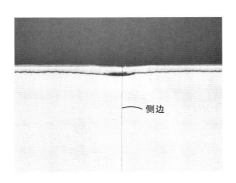

侧边

把起缝点和止缝点放在侧边，这样针脚重叠处就不显眼。

缝厚布的技巧

介绍一下轻松缝厚布的技巧：剪去缝份的多余部分，消除高低差等。

● 减少厚度

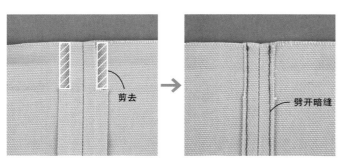

剪去

劈开暗缝

处理侧边时，需要劈开暗缝，或者折叠暗缝；处理袋口时，需要折叠2次后缝合。在做以上操作时，缝份会出现几层布重叠的情况。建议把需要向内隐藏的缝份边缘剪去，厚度减少后就容易缝了。

● 手动

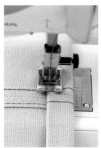

缝份重叠，形成高低差时，送布就不能顺畅进行。要把手轮慢慢向身前侧拧，拧的同时左手送布，一针一针向前缝。

● 调节高低差

制作厚度调节板，就会很方便

把做底板的聚酯树脂板的边角料剪3片，尺寸为1.5cm×6.5cm，用铆钉固定。

缝纫机的送布齿和压脚呈水平状态时最稳定，可以顺畅地送布。因为有高低差，导致压脚发生倾斜时，需要在后侧叠放适当片数的调节板，使之达到水平状态，这样就能顺畅地缝合了。

利用压脚的调节功能

家用缝纫机基础压脚中，有的压脚上有黑色的按钮。
这个按钮叫作"高低缝按钮"，有高低差时使用。这个功能非常方便。

✕ 不使用这个按钮时，压脚是斜的，压不住布，所以就不能顺畅地送布。

①按着按钮，然后放下压脚。

②压脚就被固定在水平状态，即便有高低差，也可以顺畅地送布。

出现这些情况该怎么办

使用缝纫机时，缝失败的情况经常发生。不要懊恼、不要慌张，重新再来。
● 红色线是第一次缝的，黑色线是重新缝的。

「缝到中途没有线了」

1 在缝的中途，线没有了。

2 在没有线处的3针前，入针。

3 针脚重叠后继续缝，把线头在底部剪断。如果担心脱线，起缝时可以回针缝几针。

「缝合时针脚歪斜」　缝合侧边时，针脚歪斜。

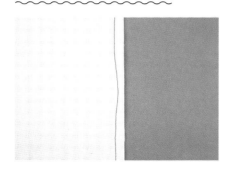

1 缝合时针脚往缝份侧歪斜。

2 把它缝直。倒缝份时，缝歪的针脚不用拆掉，保持原状即可。

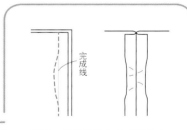

不过，当缝线歪向完成线的内侧时，在劈开缝份时要拆掉它。

「端口缝发生歪斜」　机缝袋口、提手的端口，从正面可以看见针脚时。

1 进行端口缝时，发生歪斜。

2 在歪斜段的中点处剪断线，拆掉缝线，把线头拉入布的内侧打结。

3 在拆掉缝线的端口入针，不用回针缝，直接重新往下缝。止缝点也是在端口的针脚处入针。线头都需要拉入布的内侧打结。

手缝

处理缝纫机难以缝合的部分或缝很细小的部分时，会用到手缝。所以也请记住一些手缝的基础知识。

针 的 种 类

手缝针根据长、短、粗、细等有很多种类。
布很厚时用粗针，薄时用细针，针的长短要根据缝合部位来选择。
没有规定必须要使用什么针，选择自己觉得好用的针就行。

〔 美国针和日本针 〕

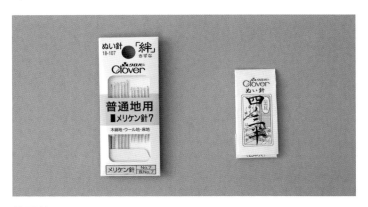

美国针
从美国进口的西式针。经常使用的针为6~9号。数字越大，针就越细越短；数字越小，针就越粗越长。

日本针
日本生产的针。采用"3/3""4/3.5"这样的标注，前面的数字表示的是针的粗细，数字越大针就越细；后面的数字表示的是针的长度，数字越大针就越长。

〔 长针和短针 〕

长针，用于立针缝、疏缝、钉扣子等。短针，在需要缝得细密时使用。

针 的 使 用 方 法

〔 线的长度 〕

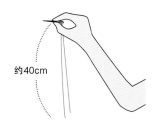

约40cm

根据缝合的距离来决定，线比它稍微长点就可以了。但是，线过长容易缠绕，很难缝，所以线最长不要超过80cm。

〔 针的拿法 〕

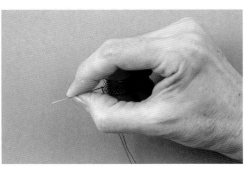

如果是右利手，在右手中指的第一关节和第二关节之间套上顶针。用拇指和食指拿针，针尾顶在顶针上。

基本缝法

为了防止线头脱开，在起缝前要给线头打结，结束时也要打结固定。另外再介绍一下基本的缝法。

〔 线头打结 〕 目的是不让线在起缝点脱开。

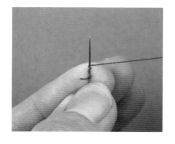

1 在食指的上面放上线头和针，用针压住线头，然后把线缠绕2~3圈。

2 用食指和拇指把缠好的线捏住。

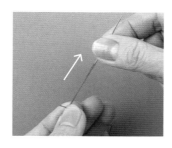

3 捏住线后，把针拔出来。

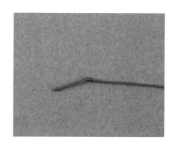

4 结就打好了。

〔 起缝 〕 根据具体情况决定是否需要回针缝。

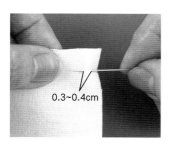

1 插入针，在前方0.3~0.4cm处出针，并拔出针。

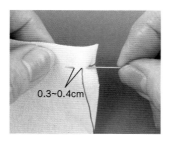

2 在后方1针处入针，在第一次出针位置前方的0.3~0.4cm处出针。

3 平针缝。

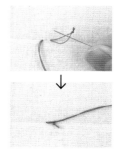

使用2根线时

钉扣子时，想要缝得结实一些，就需要使用2根线。把1根线的两端归拢在一起打结，第一针要穿过打结的圆环，这样线就不容易脱开了。

〔 打结固定 〕 目的是不让线在止缝点脱开。

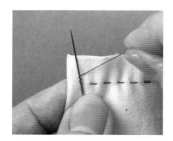

1 把针放在止缝点上，用手指按住，线绕针2~3圈。

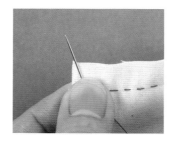

2 把缠好的线用食指和拇指捏住。

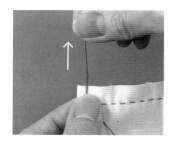

3 保持捏住线的状态，把针拔出。

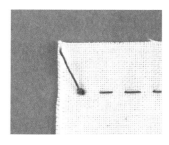

4 打结固定就完成了。留1cm左右的线头，把线剪断。

〔 A形藏针缝 〕　是把2片布的外折线缝在一起的方法。缝合返口时使用。

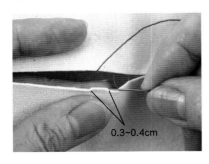 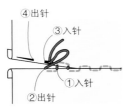 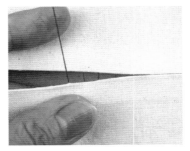 

④出针
③入针
①入针
②出针

0.3~0.4cm

1 把2片布的外折线水平对齐。在近身侧布的外折线上入针，在前方0.3~0.4cm处出针。

2 拔出针。用这样的缝法在近身侧布、对面侧布的外折线处等距离交错重复，就可以把2片布缝在一起了，而且从正面看不见针脚。

〔 B形藏针缝 〕　把外折线缝在平面上时使用的缝法。给祖母包缝提手时，用包边条包住布边时会用到。

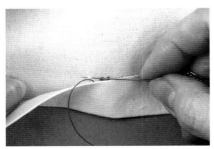  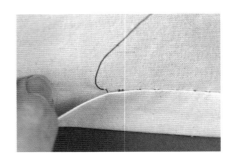

1 把布折叠2次后，从布的内侧入针、出针，然后在正对面的侧布上用小针脚挑缝。

2 抽线。

（背面）

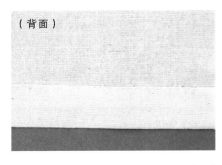

（正面）

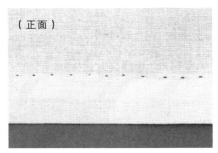

3 从背面看不见线迹，从正面可以看见点点线迹。

金属配件

使用金属配件，可以增加包的设计感，拓宽变化范围。

金属配件的种类和用途

这里介绍的是可以调节提手、包带长度的环，以及用来固定袋口的配件。

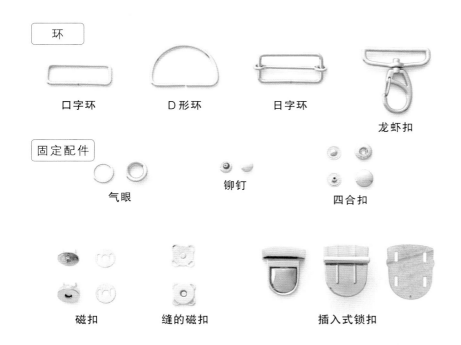

环

口字环　　　　D 形环　　　　日字环

龙虾扣

固定配件

气眼　　　　　　铆钉　　　　　四合扣

磁扣　　　　缝的磁扣　　　　插入式锁扣

口字环…是长方形的环。提手不是直接缝在袋口上，而是用耳布穿上口字环，再连接在一起。

D 形环…是D形的环。在直线侧穿上耳布，在弧线侧安上龙虾扣，这样安上的提手可以随意拆除。

日字环…是可以调节包带长度的金属配件，也叫作"送环""移动环"。多用于斜背包、双肩背包。

龙虾扣…可以轻松地取下来的配件。因形状不同，种类有很多。

气眼…开孔后，用它对孔的四周进行加固。需要准备与气眼尺寸相符的敲打工具。

铆钉…是用来固定提手、耳布等细小部位的金属配件。有的铆钉上还带有起装饰作用的装饰物。需要准备专门的敲打工具。

四合扣…该固定配件中有2根带弹簧，弹簧上嵌着凸起，通过它来进行闭合。4个零件为1组。需要专用的敲打工具。

磁扣…用磁铁进行闭合的配件。安装时给布开口后插入脚，再把两个脚向两侧劈开。

缝的磁扣…用磁铁进行闭合的配件。这种磁扣是缝在布上的，可以把包做好后再缝上磁扣。

插入式锁扣…该配件是把凸面侧插入凹面侧进行固定。把凸面侧用螺钉固定在包盖的边缘，凹面侧的安装与磁扣相同，插入脚后向两侧劈开，固定在包身上。

安固定配件时使用的工具

开孔

安气眼、铆钉、磁扣时，首先必须在布上开孔。铆钉的孔很小，用锥子就可以开孔。气眼的孔很大，在下面垫上橡胶板，用木锤敲打冲子开孔。

敲打台

安铆钉、四合扣时，把它垫在下面。把金属配件头部鼓起的一侧，放在尺寸合适的孔中敲打。安平面侧时，把敲打台翻过来，它是一个平面，把平面侧放在平面上敲打。为了便于安装多种金属配件，应准备带多个孔的敲打台。

环 的 安 装 方 法

在包带上使用环时，需要记住它们的穿环顺序、安装方法。

〔 口字环+日字环 〕

这是斜背的包带，环、扣的功能是调节包带的长度，这也是最常见的样式。包带穿上日字环，通过推送包带，就可以方便地调节长度。

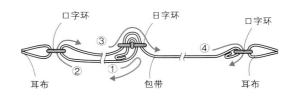

〔 日字环+龙虾扣+D形环 〕

这是斜背的包带，有调节长度的功能，而且还可以把包带拆卸下来。在包的袋口安有耳布，耳布穿着D形环，再通过龙虾扣穿上包带。

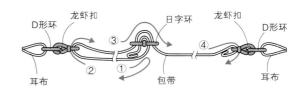

安D形环的位置

安装可以拆卸的包带时，D形环的位置大致分为3种。

安在包身的上部

安在袋口

夹在侧边

D形环和耳布

如果耳布过长，D形环会发生拧转。把耳布对折，这时的长度比D形环的直线部分略短，长度就刚刚好。

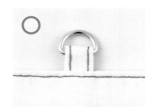

长度刚刚好

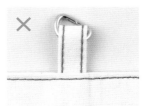

耳布过长

固定配件的安装方法

需要准备与金属配件尺寸相吻合的安装工具如敲打台、木锤、钳子等，这些工具都是必不可少的。

〔 气眼 〕

气眼　垫片

安装工具

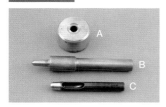

A 气眼敲打台
B 气眼敲打棒
C 冲子

1 把气眼放在敲打台上。

4 把敲打棒的前端插入孔中，用木锤垂直敲打。

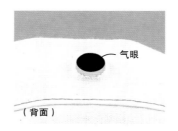

（背面）

2 给布开孔，孔的大小要与气眼的口径吻合，把布的孔穿在气眼上。

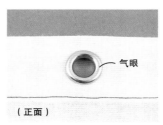

（正面）

5 气眼安好了。

（背面）

3 气眼突出侧朝上，把垫片叠放在它的上面。

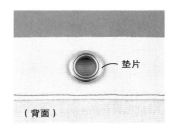

（背面）

〔 铆钉（双面铆钉） 〕

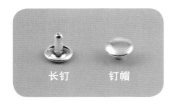

长钉　钉帽

使用的工具

A 敲打台
B 铆钉敲打棒
C 冲子（或者锥子）

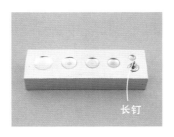

1 选择1个与铆钉口径吻合的凹槽，放入长钉。
如果是单面铆钉，就把它放在敲打台的平面侧。

4 放上敲打棒，用木锤垂直敲打。

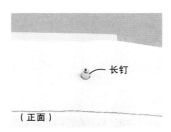

（正面）

2 给布开孔，孔的大小要能够使长钉插入，然后插入长钉。

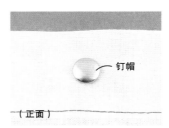

（正面）

5 铆钉安上了。

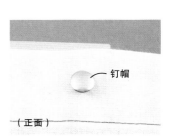

（正面）

3 叠放钉帽，敲打出"嘭"的声音，使它们紧紧地镶嵌住。

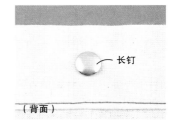

（背面）

〔 四合扣 〕

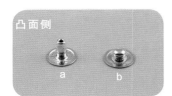

凸面侧

凹面侧

安装工具

A 敲打台
B 凸面用敲打棒
C 凹面用敲打棒
　两端都是平面
D 冲子

凸面用　凹面用

凸面侧

1 把a放在敲打台的平面侧。

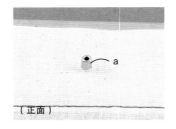

（正面）

2 给布开孔，孔的口径要能够使a的长钉穿过，把a的长钉穿入布的孔中。

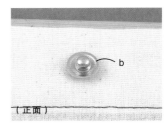

（正面）

3 叠放b。

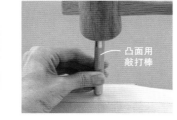

凸面用敲打棒

4 放上凸面用敲打棒，用木锤垂直敲打。

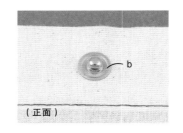

（正面）

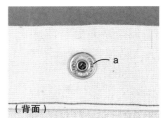

（背面）

5 凸面侧安好了。

凹面侧

1 从敲打台中选出与凹面侧c相符的凹槽，把c放入凹槽。

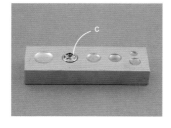

2 给布开孔，孔的口径要可以使d的长钉通过，从布的正面插入c。

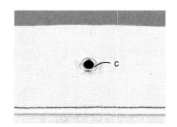

弹簧

3 把d的孔叠放在c的中央凸起处。注意叠放时要使d的2片弹簧竖着。

凹面用敲打棒

4 把凹面用敲打棒放在d上，敲打棒的平面与d的弹簧朝向对齐，然后用木锤敲打。

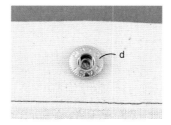

5 凹面侧安好了。

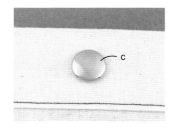

〔 磁扣 〕

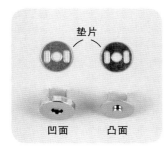

垫片
凹面　凸面

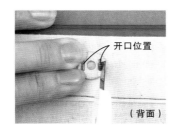

开口位置
（背面）

1 在安磁扣的位置放上垫片，在开口处做标记。做好标记后去掉垫片，切开开口。

（背面）

2 从正面插入凸面或凹面的插脚。

（背面）

3 给插脚套上垫片。

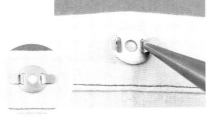

4 用尖嘴钳把插脚从最底部折向两侧，再用木锤敲打平整，这样看起来就很利索。

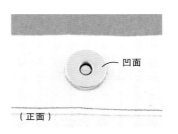

凹面
（正面）

5 凸面和凹面的安装方法相同。磁扣安好了。

凸面
（正面）

〔 插入式锁扣 〕

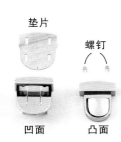

垫片
螺钉
凹面　凸面

（凸面侧）

背面

1 把布插入凸面侧的槽中。然后把锥子插入螺钉的孔中，给布开孔。

（凹面侧）

2 用十字螺丝刀上螺钉。想固定得牢固，可以在凸面侧槽中薄薄地涂上黏合剂后再进行固定。

正面

3 凸面侧安好了。

（正面）

参照上面磁扣的安装方法。

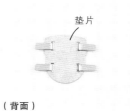

垫片
（背面）

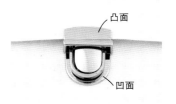

凸面
凹面

插入式锁扣安好了。

拉链

拉链可以用来开合包的袋口、口袋口。
使用缝纫机的上拉链压脚，缝拉链也就不那么难了。

各部分的名称

大家应对拉链各部位的名称、号数有所了解。

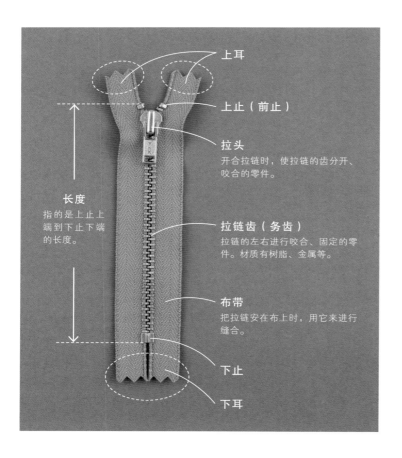

上耳

上止（前止）

拉头
开合拉链时，使拉链的齿分开、咬合的零件。

长度
指的是上止上端到下止下端的长度。

拉链齿（务齿）
拉链的左右进行咬合、固定的零件。材质有树脂、金属等。

布带
把拉链安在布上时，用它来进行缝合。

下止

下耳

拉头

拉片

拉口　**拉身**

拉片有各种各样的形状。给拉片的孔添加上装饰，拉起来就更加方便了。

上止和下止

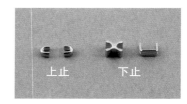

上止　　　**下止**

上止是口形金属零件，2个为1组。下止的种类有X形、插入型等。

关于拉链的号数（尺寸）

拉链的尺寸用"3号""5号"这样的表述来表示，数字越大链齿的宽度就越大。安在口袋口、小包上的拉链，可以使用"3号"；安在大的波士顿包袋口的拉链，使用"5号"。请大家区分使用。

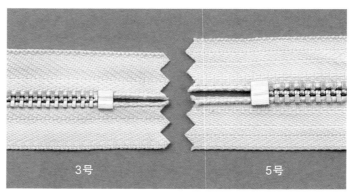

3号　　　　　　　**5号**

●图片为实物大小

种类

拉链的种类有很多。选用与布料和设计适合的拉链吧。

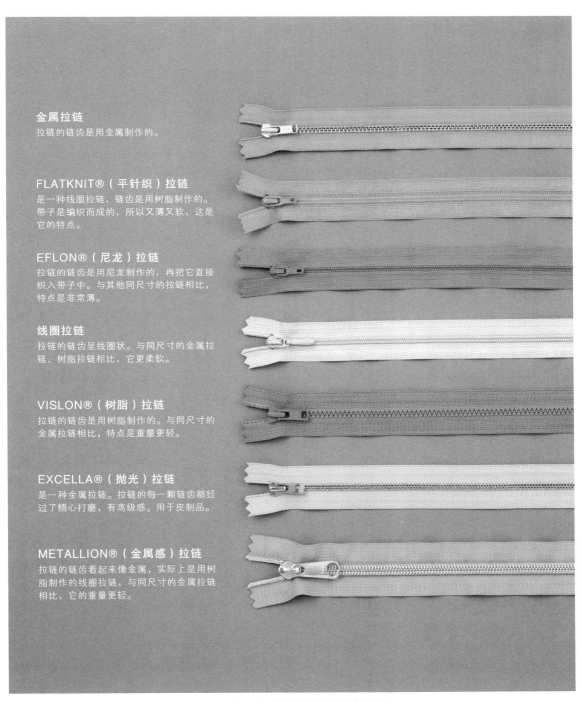

金属拉链
拉链的链齿是用金属制作的。

FLATKNIT®（平针织）拉链
是一种线圈拉链，链齿是用树脂制作的。
带子是编织而成的，所以又薄又软，这是
它的特点。

EFLON®（尼龙）拉链
拉链的链齿是用尼龙制作的，再把它直接
织入带子中。与其他同尺寸的拉链相比，
特点是非常薄。

线圈拉链
拉链的链齿呈线圈状。与同尺寸的金属拉
链、树脂拉链相比，它更柔软。

VISLON®（树脂）拉链
拉链的链齿是用树脂制作的。与同尺寸的
金属拉链相比，特点是重量更轻。

EXCELLA®（抛光）拉链
是一种金属拉链。拉链的每一颗链齿都经
过了精心打磨，有高级感。用于皮制品。

METALLION®（金属感）拉链
拉链的链齿看起来像金属，实际上是用树
脂制作的线圈拉链，与同尺寸的金属拉链
相比，它的重量更轻。

●FLATKNIT®、EFLON®、VISLON®、EXCELLA®、 METALLION®都是YKK有限公司的注册商标。

调整长度的方法

● 自己调节长度时，需要注意：调节长度后的拉链不能到厂家进行退货、换货、修理。

当买不到与作品匹配的拉链时，建议把拉链调整到需要的长度再使用。

● 使用金属拉链和树脂拉链时

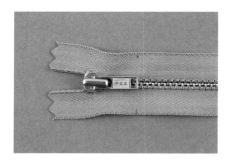

1 测量需要的长度，做上标记。

2 用尖嘴钳或者钢丝钳把上止小心地撑开、摘下来。这个上止还要用，所以摘取时要尽可能细心，注意不要伤到它。

3 为了方便摘取，手捏住端口，使链齿的间隔撑开。使夹住布带的链齿头部呈倾斜状态，再用尖嘴钳或者钢丝钳把它钳开、摘除。这时需要注意不要剪到布带的芯。

4 摘除到接近上止标记的位置时，要多摘除一个链齿。摘除时要格外小心，不要摘除多了，要时刻查看长度。

链齿
芯
布带

● 使用线圈拉链时

[FLATKNIT®、EFLON®、线圈拉链（标准型）]

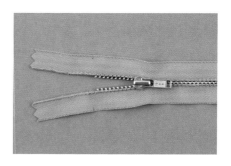

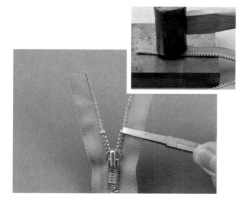

5 需要把之前摘除的上止安上，用平口螺丝刀按住固定。上止要安在与链齿完全吻合的位置。然后，避开链齿，用金属锤轻轻敲打。

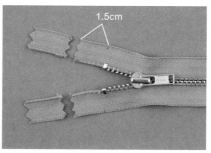

1.5cm

6 在距离标记1.5cm的位置，用锯齿剪剪去多余部分。

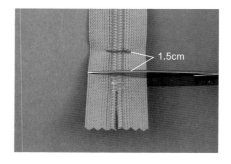

1.5cm

为了防止线圈拉链左右链齿分离，首先在下止位置，用缝纫机回针缝进行固定，留出1.5cm左右，剪去多余部分。

耳 的 处 理

在包的上部安拉链时，需要把上耳和下耳折叠起来。

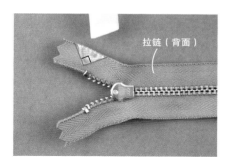

拉链（背面）

1 以拉链背面侧布带的上止位置为顶点，画出等腰直角三角形，给这个三角形涂上黏合剂。

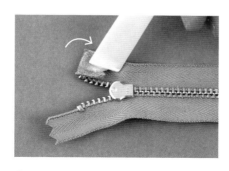

2 在上止位置把上耳背面相对折叠，再次涂上黏合剂。

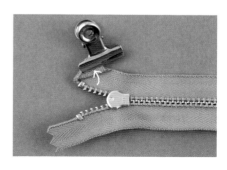

3 把上耳向上折成三角形，用夹子固定住，直到黏合剂变干。

4 其余3个地方处理方法相同，把上耳和下耳都粘好。

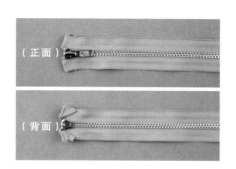

（正面）

（背面）

5 耳处理后的样子。

上耳、下耳的几种处理方法

耳的处理方法，包括上述的方法，共有3种。
根据安装位置的不同，请选用适合的方法。

外袋（正面）

● 如上面介绍的折叠处理法

直接安在袋口时，处理方法是折叠上下耳。这样处理后，两边变得很利索。

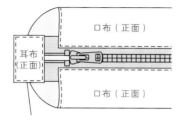

口布（正面）

耳布（正面）

口布（正面）

● 用耳布包住的处理法

拉链安在袋口的口布上时，需要把拉链的耳部露出来，用耳布把它包住就可以了。

口袋（正面）

● 不处理

给开了口的口袋安拉链，拉链呈水平状态时，可以把拉链耳缝在缝份上，所以不用处理，让拉链保持直的状态缝上就可以了。

缝前固定

如果把拉链用双面胶带固定，效果要比用珠针更加牢固，不容易发生歪斜，所以建议使用双面胶带固定。
但是，若使用细的双面胶带，粘贴时要贴在拉链布带的边缘，注意不要贴在缝纫机下针的位置。

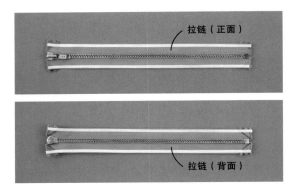

1 沿着拉链布带的边缘，粘贴3mm宽的双面胶带。正面、背面都用同样的方法粘贴。

2 把拉链正面的胶带剥离纸剥去，然后在上止到下止的长度中点位置画上标记。

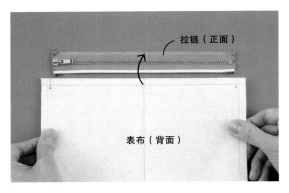

3 把拉链正面和表布正面相对，把边缘、中点都对齐，然后粘贴在一起。注意把拉链止缝点的标记也要对整齐。

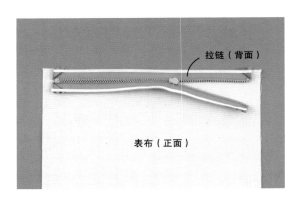

4 拉链固定在表布上的样子。

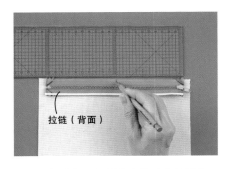

5 把拉链背面上侧的胶带剥离纸剥去，测量出中点，做上标记。

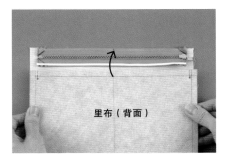

6 叠放里布。把中点、拉链止缝点的标记对齐，再把边缘对齐进行粘贴。

7 这是夹入拉链后，表布、里布固定完成的样子。

基本缝法

这是把拉链夹在表布和里布中间，缝一次的缝法。

为了防止压脚碰到拉链的拉头，缝制过程中注意移动拉头是关键点。

〔 使用的压脚 〕

拉链压脚
（单压脚）

拉链压脚一侧是空的，这样缝合时压脚就不会骑到链齿上。更换压脚后，落针位置是否合适，需要慢慢把手轮转向身前，进行确认。

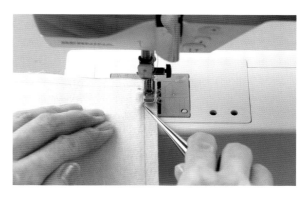

1 起缝和止缝都要进行回针缝，但是拉链耳折叠后有厚度，从而形成高度差，如果用锥子送布，前行就变得容易了。

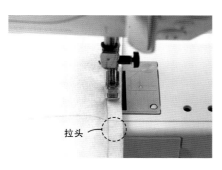

拉头

2 缝至拉头的前方时，使针处于放下状态，停止前行。

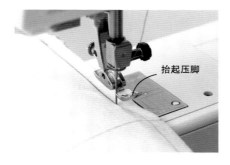

抬起压脚

3 保持针的放下状态，抬起压脚。

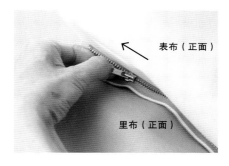

表布（正面）

里布（正面）

4 揭开布，手持拉片，把拉头移到压脚碰不到的位置。

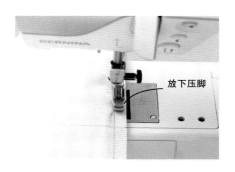

放下压脚

5 放下压脚，继续缝合。

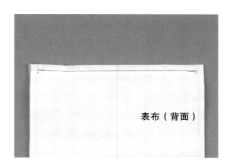

表布（背面）

6 点到点缝合后的样子。

表布（正面）

7 翻到正面的样子。

提手

提手是包的重要组成部分，关系到包用起来是否顺手。它是设计中的关键点。

种类

使用与包身相同的布或者另外的布来做提手时，有很多种方法。根据需要贴上黏合衬。

〔 布提手 〕

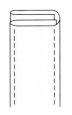 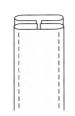 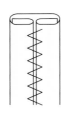 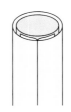 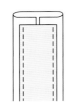

折3次	双面提手	折2次	圆形	使用带子
把布折叠3次，然后给两边进行端口缝，这是制作提手的基本方法。这样制作的提手，厚度均匀，非常结实。	使用2种不同的布来制作双面提手。只用表布做提手，折叠3次后过于厚时，搭配薄一点的里布来减少厚度。	把两侧的布分别向里折后，再把折边折向中线处，用之字缝固定。这样缝制的提手，厚度要比折3次的提手薄。	裁弹性布，缝成圆筒后，再穿入提手芯或者粗绳等，提手是圆形的。特点是手感柔和、顺手。	布边相对折叠后，叠放带子，再用缝纫机对两边进行端口缝。当提手布较薄时，配上结实的带子进行加固。

〔 成品提手的展示 〕

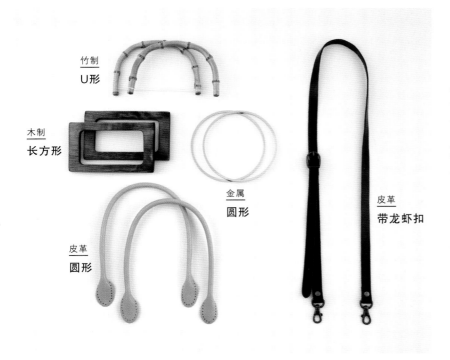

竹制U形提手…端口有开孔，可以穿环后再使用，也可以直接缝在包上。也有提前穿好环的。为了防止破坏竹制材料的整体性，有的竹制提手上贴着缝线，把提手缝在包上，再剪断线。

木制长方形提手…用布把长边包住，或者穿上耳布，然后再缝在包上。

金属圆形提手…提手的形状是圆形的，材质为金属。安装方法与长方形提手相同。因为材质是金属的，手感较凉，注意不要用在冬款包上。

皮革圆形提手…上面开有针眼，安装时，要使用结实的线，手缝固定。

皮革带龙虾扣提手…因为有龙虾扣，所以包带能拆下来，可以用它做斜背包带。

提手的长度

要想提手使用起来顺手，就需要根据包的尺寸和用途、使用人的身高以及季节等因素，变换提手的长度。
请找到自己喜欢的提手长度吧。

● 照片中的人身高158cm。

手提	单肩背	斜背

提手的长度为35cm。这个长度的提手，手提、挎在手臂上正好合适。

提手长度为50cm。背在肩上时，放下手臂，手可以轻松到达包的底部，背起来很方便。

背带的长度为100~110cm，袋口的位置就在腰附近，拿取东西很方便。照片中的长度为100cm。

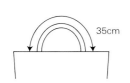

35cm

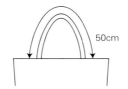

50cm

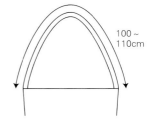

100~110cm

提手的缝份

提手的底部是最吃力的地方，所以为了不让包带轻易脱开，缝份要比其他地方的多留一些。单层布包和有里袋的包，缝份的添加方法有所不同。

提手

单层布包

包带要与包的袋口一起如图折叠，所以，提手缝份的长度要与袋口缝份的长度相同。

提手

2.5cm

有里袋的包

袋口的缝份为1cm，但是如果把提手的缝份也留1cm，心里没底，所以留了2.5cm。固定后试着提一下，要为调整长度留出余地。

提手的布纹

为了防止提手被拉长，基本上都取纵布纹，但是，有时为了照顾花纹、节约用布，取横布纹也可以。这种情况下，建议贴上黏合衬。

布提手的制作方法

用布制作提手时，做好的关键点在于：折叠好的布带在熨斗熨烫后，宽度与需要的尺寸相符。

〔 折叠3次 〕

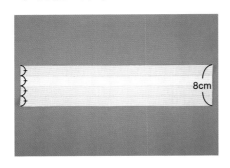

1 在背面贴上1条1.9cm宽的黏合衬。

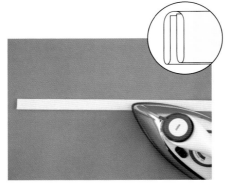

2 折叠3次，具体方法是把两侧布边相对折叠后再对折，然后用熨斗烫平整。

3 把提手展开，贴上热熔胶带，恢复原状固定住。

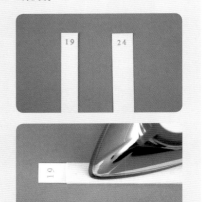

4 把贴着黏合衬的面朝上，在两边进行端口缝。2cm宽的提手就做好了，共折叠了3次。

宽度尺

这是用厚纸片做成的尺子，宽度比要做的提手窄0.1cm。提手布以这个宽度为标准进行折叠，就可以折出想要的宽度。

〔 折叠2次 〕

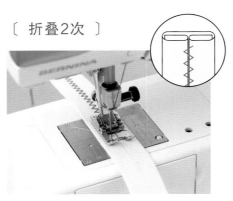

折叠两侧的布边，把折边再次在中线处折叠，在中线处用热熔胶带固定住。之字形机缝时，注意针必须经过两道折线。

〔 双面 〕

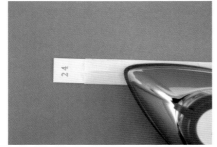

1 把5cm宽的表布折成2.5cm宽时的样子。里布也用同样的方法折叠。

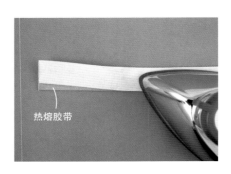

2 用热熔胶带进行固定，两边做端口缝。

皮革提手的安装方法

这里介绍的是简洁皮革提手的安法，但是也适用于有设计感的成品提手。

用皮革条制作提手

皮革条在手工店或皮艺店可以买到，用它就可以制作出长度适合自己的提手。

①把皮艺店专用的4孔开孔器放在皮革条上，用木锤敲打开孔。

②长方形的孔就开好了。

〔 手缝 〕

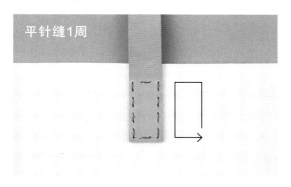

平针缝1周

线的长度是所缝位置长度的2倍左右，用平针缝合。

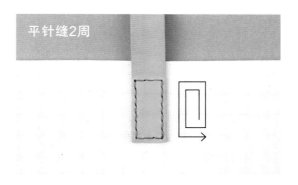

平针缝2周

想缝得更牢固，就准备所缝位置长度4倍的线，平针缝2周。在缝的过程中，注意不要把第一周的缝线劈开了。

〔 铆钉 〕

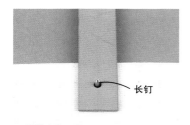

长钉

外袋（正面）

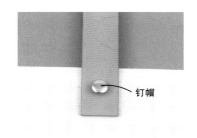

钉帽

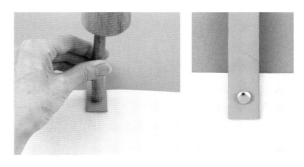

1 用冲子在袋布上开孔，从背面插入铆钉的长钉。从正面叠放提手。

2 把钉帽套在长钉上，嵌入时要听到发出"嘭"的一声后再停手。

3 放在敲打台合适的凹槽中，从正面放上敲打棒，使用木锤从垂直方向进行敲打安装（参照p.51）。

布 带

布带可以用来包缝份，可以用作提手。成品布带在制作包时是不可缺少的配角。
弹性布带也可以用做包的布来制作。

弹 性 布 带

在布有弹性的方向，按照一定的宽度，裁成条状。
因为有伸缩性，可以沿着弧线进行缝合。

〔 裁剪方法 〕

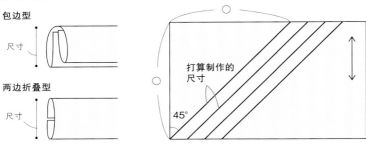

在布纹的45°处画线，再画出这条线的平行线，然
后裁断布。使用宽幅的方格尺和轮刀裁布，非常方
便。制作包边型布带时，画线的宽度是最终尺寸的
4倍；两边折叠型是最终尺寸的2倍。

用方格尺找出45°

有的方格尺上画着45°的线。把这
条线对准布边，就可以很快找到
45°。

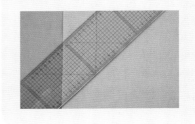

〔 折边的压法 〕

把弹性布的端口穿过制带
器，用锥子送布，从前端
出来的弹性布用熨斗按压，
压出折边。没有制带器时，
在布条里面放入厚纸片，
然后折叠（参照p.62）。

〔 长布带的制作方法 〕

1 把两条弹性布的端口呈垂
直方向、正面相对对齐，然
后缝合。这样就把折线连
成一条线了。

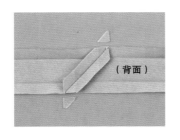

2 劈开缝份，剪去露在外面
的多余部分。

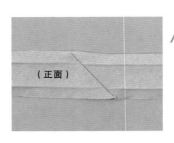

3 缝合好的样子。

缝合时需要注意

如果把角对齐进行缝合，
折线就不能连成一条线了，
需要注意。

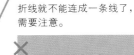

〔 包住布边的缝法 〕

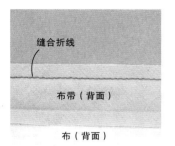

缝合折线

布带（背面）

布（背面）

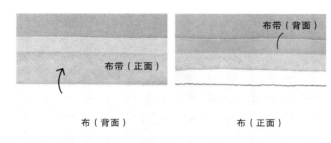

布带（正面）

布（背面）

布带（背面）

布（正面）

布带（正面）

布（正面）

1 在布的背面叠放弹性布带，把它们的布边对齐，缝合折线。

2 立起布带。

3 把布翻到正面，折叠另一侧的折边。

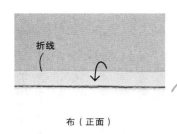

折线

布（正面）

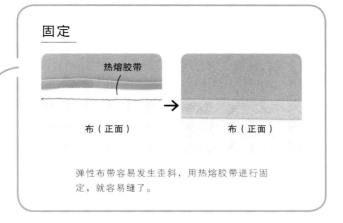

固定

热熔胶带

布（正面）

布（正面）

弹性布带容易发生歪斜，用热熔胶带进行固定，就容易缝了。

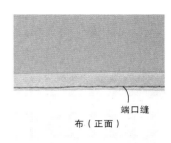

端口缝

布（正面）

4 折叠弹性布带的布边，折至几乎遮挡住缝线。

5 在布带的折线处进行端口缝。

〔 缝成环形时的缝法 〕

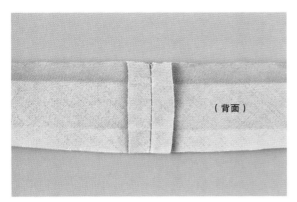

（背面）

把弹性布带缝成环形时，把端口和端口正面相对对齐、缝合，然后劈开缝份。

熨斗的保养

外侧有脏东西时，要认真地用水擦拭，用清洁剂去除；如果蒸汽孔堵塞，可用棉签捅开。清除里面的水垢时，使用柠檬酸非常有效，它能中和碱性物质，但是熨斗的机型不同会有差别，请阅读说明书后进行处理。

人字带

人字带与弹性布带不同，人字带很厚，没有伸缩性，不需要折叠，可以直接用来包缝份，也可以做提手（参照p.60）。

1 根据需要包裹位置的长度，来裁剪需要的人字带。

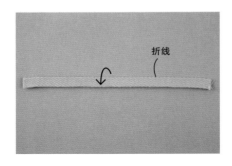

2 对折，用熨斗熨出折线。

折线

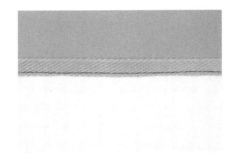

3 包住布边，进行端口缝。

提手带

可以方便地用来制作提手的带子种类丰富，有腈纶、麻质等材质。
使用带子制作提手时，提手带是否与日字环的尺寸相符，这点很重要。
在这里举一个例子：内径40mm的日字环，给它穿上3种不同的带子。

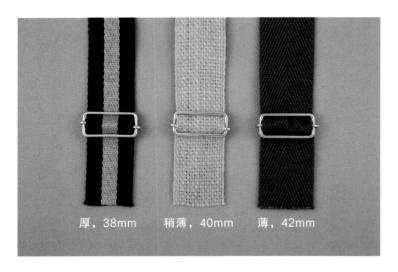

厚，38mm　　稍薄，40mm　　薄，42mm

38mm宽的厚带子···略有余地、刚刚好，顺利地通过。
40mm宽的稍薄带子···感觉到拥挤，但是因为薄，所以可以通过。
42mm宽的薄带子···宽度超过日字环的内径，所以导致带子起皱，难以顺利通过。

需要注意日字环的尺寸

即便带子宽度与日字环内径的尺寸相同，但是有些日字环在高度、铁丝的粗细上也会有所不同。在穿日字环时，不是只穿一次（参照p.50），所以需要考虑带子的厚度，要选用留有余地的带子。

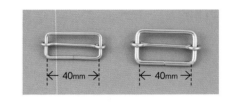

第2部分

挑战做布包

用一片布缝制的书袋

左侧为容纳A4纸的尺寸，右侧为容纳便携式
书的尺寸。
不仅尺寸不同，侧边缝份的处理方法、提手
的制作方法也有差异。没有里布，也没有贴
黏合衬，所以制作起来很简单，请先试着做
它吧。

布料合作单位：清原

容纳A4纸的尺寸

材料

普通亚麻

湖蓝色（KOF-01/TBL）/清原···40cm×80cm

完成尺寸

宽28cm×高35cm（不包含提手）

容纳便携式书的尺寸

材料

普通亚麻

红色（KOF-01/R）/清原···35cm×50cm

完成尺寸

宽16cm×高20cm（不包含提手）

制图

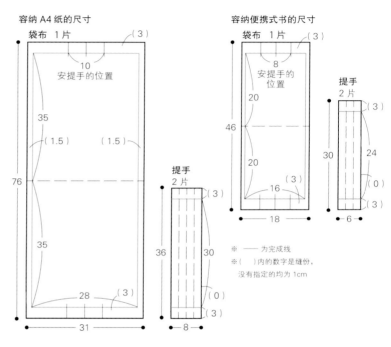

容纳 A4 纸的尺寸

袋布 1片 （3）

10
安提手的位置

35

（1.5） （1.5）

76

35

28 （3）

31

提手
2片 （3）

36 30

（0）

（3）

8

容纳便携式书的尺寸

袋布 1片 （3）

8
安提手的位置

20

46

20

16 （3）

18

提手
2片 （3）

30 24

（0）

（3）

6

※ —— 为完成线

※（ ）内的数字是缝份，
没有指定的均为 1cm

裁剪
方法

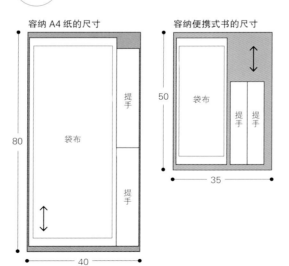

容纳 A4 纸的尺寸

提手

提手

80 袋布

40

容纳便携式书的尺寸

50 袋布

提手 提手

35

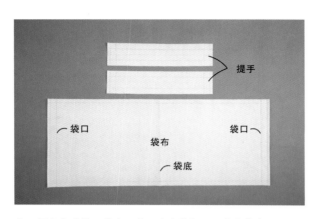

1　画出完成线、袋底、袋口中点的标记，裁出袋布和提手。

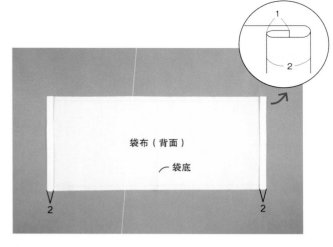

2　在袋布袋口3cm处折叠，再把布边折叠1cm，然后用熨斗熨出折线，折线的间距为2cm（参照p.38）。

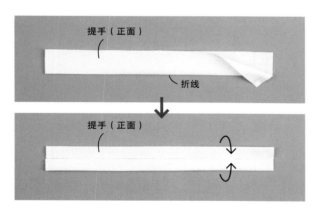

3　把提手沿中心线对折，用熨斗压平整，然后展开，把两侧朝向中心线折叠。

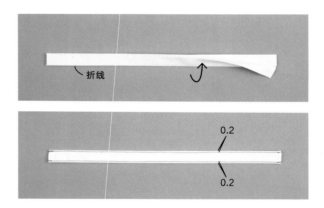

4　再次在中心线处折叠，用熨斗压平整，在两边进行端口缝（参照p.62）。

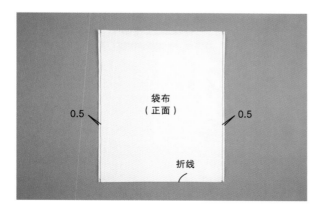

5　展开袋口的折边。把袋布在袋底处折叠，背面相对对齐，缝合两侧，缝份为0.5cm。

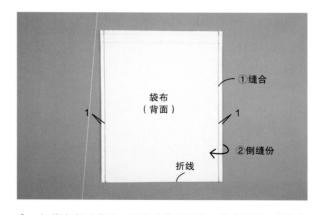

6　把袋布翻到背面，用熨斗整理形状，缝合两侧，缝份为1cm。倒两侧的缝份。

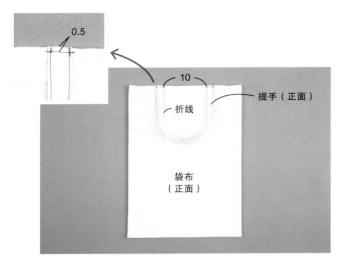

7 把袋布翻到正面，用熨斗整理形状，把提手固定在袋口的缝份上。

8 把袋布翻到背面，把袋口的缝份折叠2次，用熨斗熨压折边，使之牢固。

把提手立起来

9 立起提手，用熨斗熨压。

10 在折边的边缘进行端口缝。从侧边开始缝，这样完成效果更漂亮。

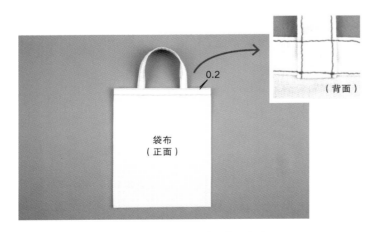

11 翻到正面整形，从侧边开始进行端口缝。完成。

容纳便携式书的尺寸　制作提手时折叠2次，侧边的缝份用之字形机缝进行处理。

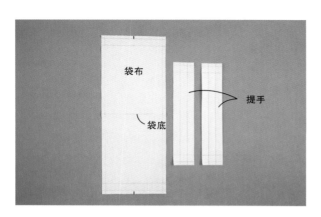

1　画出完成线、袋底、袋口的中点，然后裁剪袋布和提手。

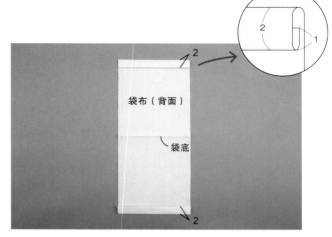

2　首先在袋布袋口的3cm处折叠，再在布边1cm处折叠，使折线间距为2cm，然后用熨斗熨出折线（参照p.38）。

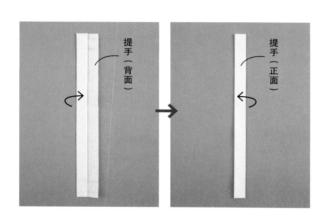

3　把提手在完成线处折叠，用熨斗熨出折线。

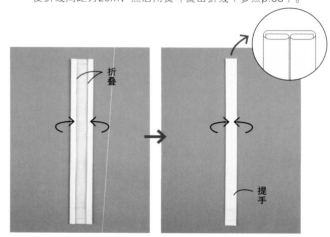

4　沿折线展开，把两侧的布边与步骤3的折线对齐、折叠，再用熨斗把折边熨平。然后在步骤3的折线处再次折叠，外折线对齐，用熨斗熨平。

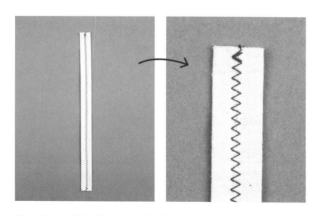

5　在中心线处进行之字形机缝。

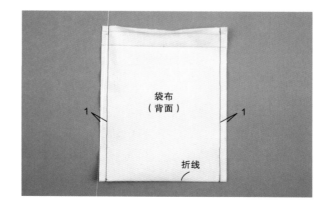

6　把袋布在袋底处正面相对折叠，缝合侧边，缝份为1cm。

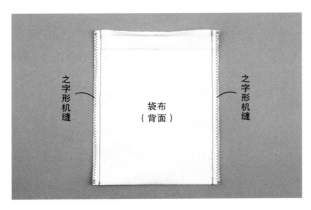

7 在两侧的缝份上进行之字形机缝。

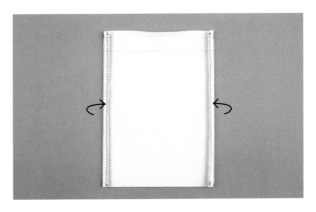

8 用熨斗倒缝份。

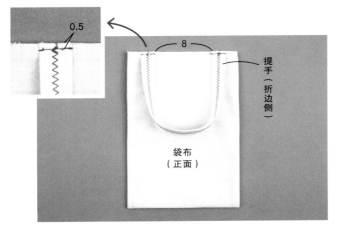

9 把袋布翻到正面后整理好形状，把提手固定在袋口的缝份上。固定时，提手的折边侧朝上。

10 把袋布翻到背面，把袋口的缝份在步骤2的折线处折叠2次。把提手立起来，用熨斗熨平。

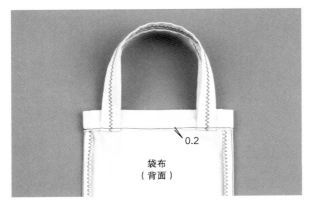

11 在折边的边缘进行端口缝。从侧边开始机缝，完成效果会更漂亮（参照p.43）。

12 翻到正面整理好形状，从侧边开始进行端口缝。完成。

有里布的杂志包

正方形的扁包，
提手较长，可以背在肩膀上，
大小可以装得下杂志。
贴着黏合衬，有里布，还有内口袋，
尝试着做一个吧。

布料合作单位：DARUMA FABRIC；黏合衬合作单位：清原

材料

表布/高密度防水布（Pool）深灰黑格/DARUMA FABRIC…75cm×80cm

里布/牛津布 橙色…55cm×80cm

黏合衬 白色薄不织布（SUN50-31）/清原…100cm×80cm

完成尺寸

宽38cm×高38cm（不包含提手）

制图

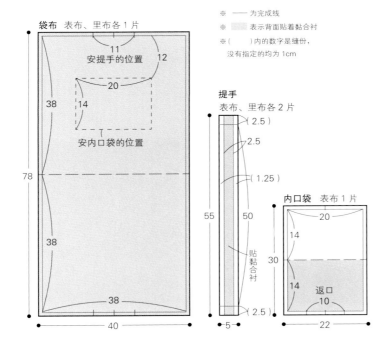

袋布 表布、里布各1片

11 安提手的位置 12

20

38 14

安内口袋的位置

78

38

38

40

※ —— 为完成线

※ 表示背面贴着黏合衬

※（ ）内的数字是缝份，没有指定的均为1cm

提手 表布、里布各2片

（2.5）

2.5

（1.25）

55 50

贴黏合衬

（2.5）

5

内口袋 表布1片

20

14

30

14 返口

10

22

裁剪方法

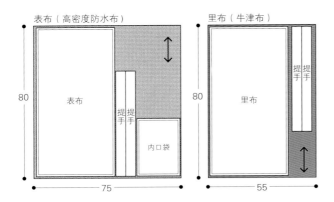

表布（高密度防水布）

表布

提手

内口袋

80

75

里布（牛津布）

里布

提手

80

55

75

1 在内口袋布的背面贴上黏合衬。裁剪黏合衬时，尺寸要比完成尺寸小0.1cm。

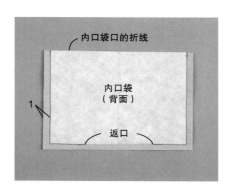

2 把内口袋布在内口袋口处正面相对折叠，留返口缝合，缝份为1cm，注意不要缝到黏合衬。

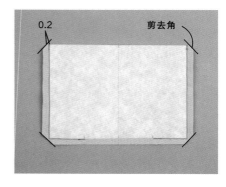

3 角的缝份留0.2cm，斜45°剪去多余部分。

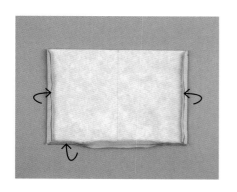

4 用熨斗倒缝份。

5 从返口翻到正面，用锥子把角推出来，然后用熨斗整形。

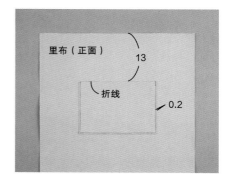

6 把内口袋贴着黏合衬的面朝上，叠放在里布上缝合。缝内口袋口的两侧时，为了确保缝线缝过内口袋和里布，需要进行回针缝（参照p.35）。

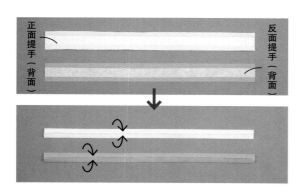

7 在正、反面提手的背面贴上黏合衬，裁剪黏合衬时，尺寸要比完成尺寸小0.1cm，在完成线处折叠，然后用熨斗熨平。

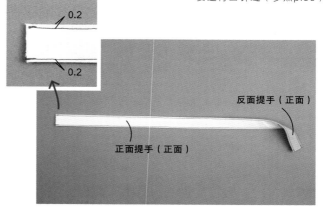

8 把正、反面的提手背面相对对齐，两边进行端口缝（参照p.62）。

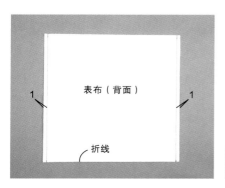
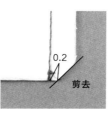

9 把表布在袋底处正面相对折叠，缝合两侧，缝份为1cm。包底的角留0.2cm缝份，斜45°剪去多余部分。

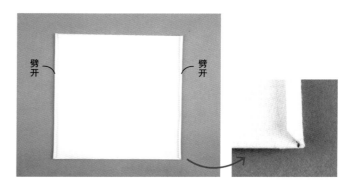

10 把缝份劈开，用熨斗熨平。

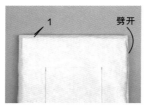

折叠袋口，折时要比完成线稍微多折一点。

11 把里布在袋底处正面相对折叠，缝合两侧，缝线要缝在离完成线稍近的内侧。斜着剪去包底的角，劈开缝份。

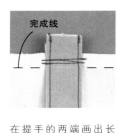

在提手的两端画出长度为50cm的标记，把它叠放在袋口的完成线上，然后进行固定。

12 把外袋翻到正面，用熨斗整形，把提手固定在外袋的缝份上。

13 把外袋的袋口在完成线处折叠，用熨斗熨平。

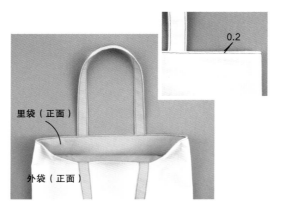

14 把里袋放入外袋中，把袋口机缝1周。从侧边开始机缝，完成效果会更漂亮。

15 完成了。

用一片布缝制的餐包

包底很宽，
是小尺寸的托特包。
它是用一片帆布缝制的，很结实，
提手是夹在包身和贴边之间缝上的。
设计了布质的底板，可以把底板变身为餐垫。

布料合作单位：川岛商事；黏合衬合作单位：清原

材料

复古风帆布#8100（8号帆布） 苔绿色/川岛商事…75cm×80cm

黏合衬 白色硬质 （SUN50-125）/清原…18cm×12cm

人字带 20mm宽…30cm

完成尺寸

宽18cm×高20cm×厚12cm

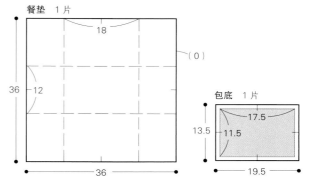

制图

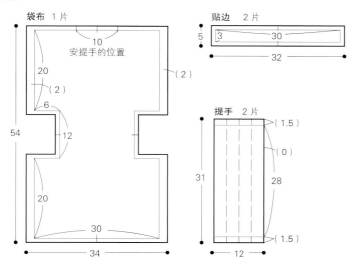

袋布 1 片

10
安提手的位置

20
（2）
6
12
54
20
30
34

贴边 2 片

5
3　30
32

提手 2 片

（1.5）
（0）
31
28
12
（1.5）

餐垫 1 片

18
36
12
（0）
36

包底 1 片

17.5
13.5　11.5
19.5

※ —— 为完成线

※ ▨ 表示背面贴着黏合衬

※（ ）内的数字是缝份，
没有指定的均为 1cm

裁剪方法

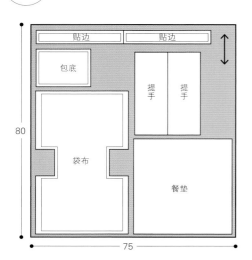

贴边　贴边

包底

提手　提手

80

袋布

餐垫

75

〈1〉缝合袋布

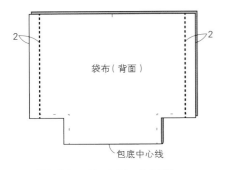

① 把袋布正面相对对齐，缝合侧边

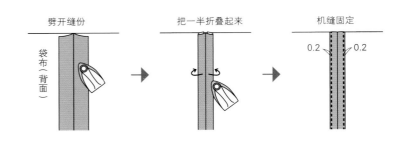

② 劈开缝份，暗缝（参照 p.39）

〈2〉缝侧部

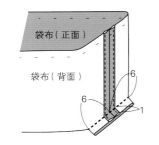

① 把侧边和包底中心线对齐，缝包底抓角

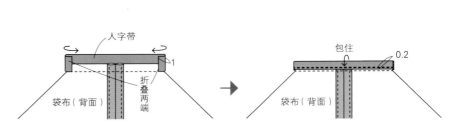

② 用人字带把缝份包住缝合（参照 p.65）

〈3〉缝贴边

① 把 2 片贴边正面相对对齐，缝合侧边

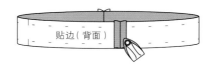

② 劈开缝份

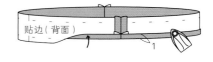

③ 把下侧边在完成线处折叠

〈4〉制作 2 根提手

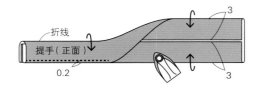

① 把提手折叠 3 次缝合

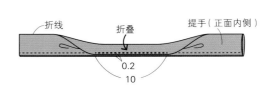

② 把中央部分对折缝合

〈5〉把提手固定在袋口的缝份上

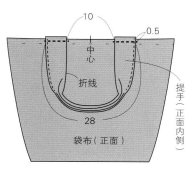

〈6〉缝合贴边和袋口

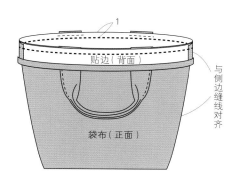

① 把贴边和袋布正面相对对齐，
完整地缝一周

② 把提手立起来，再把贴边折向内侧后缝合，
提手底部也要机缝加固

〈7〉缝餐垫

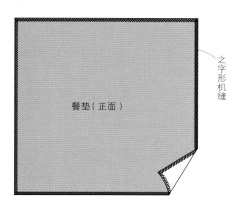

① 在餐垫的四周进行之字形机缝，缝 2 周

② 把包底的四周折叠

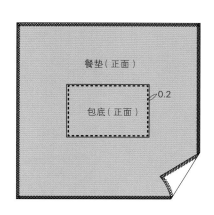

③ 在餐垫的中央缝上包底

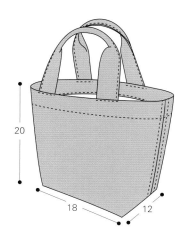

皮革提手托特包

做了侧部，是基础款托特包。
包底和里袋使用了与外袋不同的素布。
提手为皮革带子，用铆钉安装。
当做主角的表布不够时，
这款包的做法是最有效的解决方法。

里布合作单位：川岛商事；黏合衬、金属配件、底板合作单位：清原

材料

表布/印花棉布…90cm×30cm
里布/79号打蜡棉布/川岛商事…85cm×65cm
黏合衬 白色厚不织布（SUN50-33）/清原…90cm×30cm
皮革带子 20mm宽（2.5mm厚）…80cm
双面铆钉 大 青古铜色（SUN11-142）/清原…4组
底板 1.5mm BK（BM02-04）/清原…29.5cm×9.5cm

完成尺寸

宽30cm（包底）/40cm（袋口）×高25cm×厚10cm

制图

包身 表布2片

40
12
安提手的位置
27 25
5 30 5
42

包底 里布1片

10
32 30
12

里袋 里布1片

12 5
20
25 14
安内口袋的位置
62 5 10
25
40
42

包底板袋 里布1片

10
30
62
30
12

※ —— 为完成线
※ ▨ 表示背面贴着黏合衬
※（ ）内的数字是缝份，
没有指定的均为1cm

内口袋 里布1片

20
14
30
14 返口
10
22

裁剪方法

表布（印花棉布）

30
包身 包身
90

里布（79号打蜡棉布）

包底
65 里布
底板袋
内口袋
85

〈1〉缝里袋

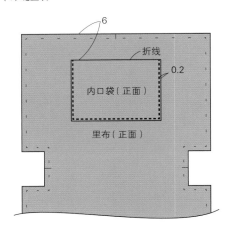

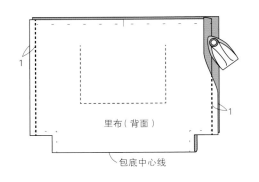

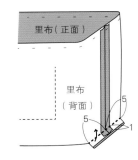

①制作内口袋，缝在里布上（参照 p.76）

②里布正面相对对齐，缝合两侧，劈开缝份

③把侧边与包底中心线对齐，缝侧部，
把缝份向上倒

〈2〉缝外袋

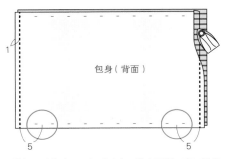

①把 2 片包身正面相对对齐，缝合两侧，劈开缝份，
在包身和侧布的分界处剪牙口

②展开牙口，与包底正面相对对齐，
面向包身侧，机缝一周，翻到正面

〈3〉缝合外袋和里袋

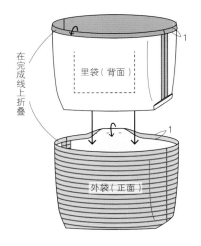

①把外袋、里袋的袋口分别在完成线处折叠。
背面相对，将里袋放入外袋中

②把袋口完整地机缝一周

〈4〉安提手

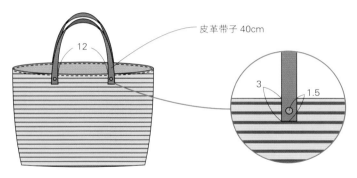

皮革带子 40cm

12

3　1.5

把皮革带子用铆钉固定（参照 p.51）

〈5〉制作底板

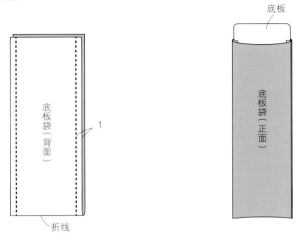

底板袋（背面）

1

折线

底板

底板袋（正面）

折进去

0.5

底板袋（正面）

① 把底板袋正面相对对齐，缝合两侧

② 翻到正面，放入底板

③ 把缝份折向内侧，完整地
机缝一周（参照 p.19）

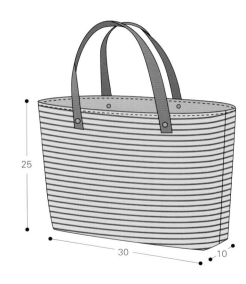

25

30

10

带拉链的轻便单肩背包

尺寸小，需要缝的地方少。
把拉链上漂亮，包底弧度缝得左右对称，
再把成品皮革包带安上，就完成了。
可以立刻背着它出门。

黏合衬合作单位：清原

材料

表布/印花棉布…45cm×55cm

里布/平纹布…60cm×55cm

黏合衬 白色厚不织布（SUN50−33）/清原…75cm×65cm

3号拉链 长30cm…1根

D形环 10mm宽…2个

皮革包带 宽10mm×长（105~125）cm…1根

完成尺寸

宽33cm×高22cm

制图

袋布 表布、里布各2片

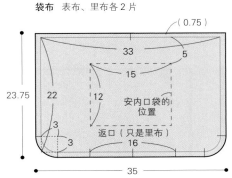

内口袋 里布1片

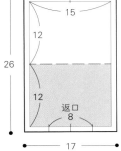

拉头装饰 表布1片

耳布 表布2片

包底弧度 实物大纸型

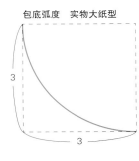

※ —— 为完成线

※ 表示背面贴着黏合衬

※（ ）内的数字是缝份，没有指定的均为1cm

裁剪方法

表布（印花棉布）

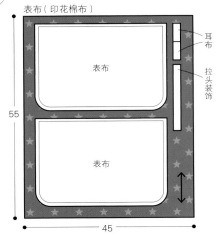

里布（平纹布）

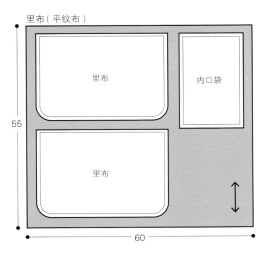

〈1〉处理拉链耳部，安上拉头装饰

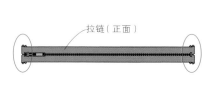

① 处理拉链的上下耳（参照 p.57）

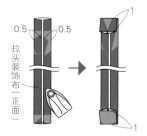

② 折叠拉头装饰布

③ 把长边对折，缝合三边

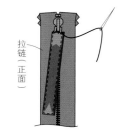

④ 套在拉片上，藏针缝

〈2〉制作内口袋，缝在里布上
（参照 p.76）

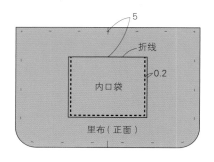

〈3〉用表布和里布把拉链夹住，缝合

① 给拉链布带的边缘贴上双面胶带，把表布和
拉链正面相对、中点对齐，然后固定（参照
p.58）

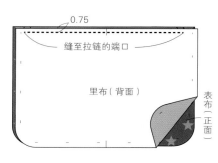

② 把里布与表布正面相对叠放，夹住拉链
缝合（参照 p.59）

③ 翻到正面，在拉链的边缘缝合

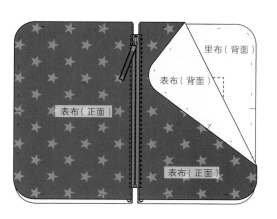

④ 另一侧也用同样的方法缝合

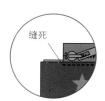

之后要夹入耳布，
所以要把拉链的端口
缝死

〈4〉缝合表布、里布

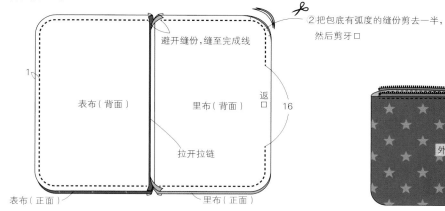

避开缝份,缝至完成线

表布（背面）　　里布（背面）

返口

拉开拉链

1

16

表布（正面）　　　里布（正面）

①把两片表布、两片里布正面相对缝合,缝里布时要留返口

②把包底有弧度的缝份剪去一半,
然后剪牙口

外袋（正面）

A形藏针缝
（参照 p.48）

③翻到正面,缝合里袋包底的返口

〈5〉安耳布、包带

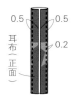

0.5　0.5

耳布（正面）

0.2

①折叠耳布,缝合两边

D 形环

②穿上 D 形环后对折
（制作 2 个）

1

缝合

外袋（正面）

③在拉链的两侧,插入耳布缝合

皮革包带

外袋（正面）

④把包带安在 D 形环上

22

33

大容量邮差包

裁剪、缝制的工作量都有点大。
弧线与直线的缝合；
包带需要长距离直线缝合，再安上金属配件；
还需要在袋口安四合扣等。要点满满，
能把这些工序都漂亮地完成，会很开心。

表布合作单位：DARUMA FABRIC；黏合衬、金属配件合作单位：清原

材料

表布/高密度平纹棉布（Spangles） 棕蓝条纹／DARUMA FABRIC…110cm×90cm

里布/11号帆布…95cm×75cm

黏合衬 白色普通不织布（SUN50-32）/清原…100cm×100cm

3号拉链 长20cm…1根

四合扣 13mm 青古铜色（SUN18-23）/清原…1组

口字环 40mm 青古铜色（SUN13-173）/清原…2个

日字环 40mm 青古铜色（SUN13-176）/清原…1个

完成尺寸

宽35cm×高28cm×厚10cm

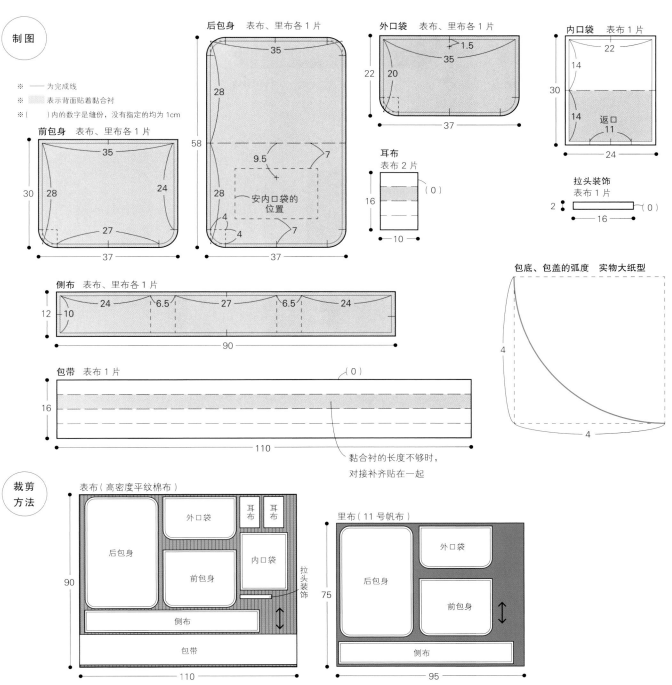

制图

※ —— 为完成线
※ ▨ 表示背面贴着黏合衬
※（ ）内的数字是缝份，没有指定的均为1cm

后包身　表布、里布各1片

外口袋　表布、里布各1片

内口袋　表布1片

前包身　表布、里布各1片

安内口袋的位置

耳布　表布2片

拉头装饰　表布1片

侧布　表布、里布各1片

包带　表布1片

黏合衬的长度不够时，对接补齐贴在一起

包底、包盖的弧度　实物大纸型

裁剪方法

表布（高密度平纹棉布）

后包身　外口袋　耳布　耳布　前包身　内口袋　拉头装饰　侧布　包带

里布（11号帆布）

后包身　外口袋　前包身　侧布

〈1〉安内口袋

①处理拉链的耳部，制作拉头装饰并安上
（参照 p.57、88）

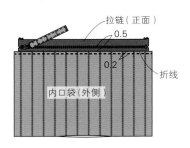

拉链（正面）
0.5
0.2
折线
内口袋（外侧）

②制作内口袋（参照 p.76），叠放于拉
链的一侧并缝上

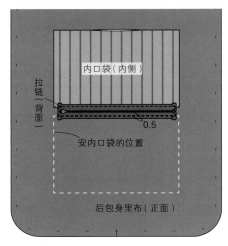

内口袋（内侧）
拉链（背面）
0.5
安内口袋的位置
后包身里布（正面）

③在安内口袋的位置上，正面相对缝上拉链
的另一侧

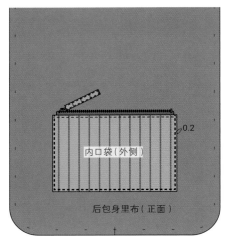

0.2
内口袋（外侧）
后包身里布（正面）

④与安内口袋的位置对齐，缝合三边

〈2〉安外口袋

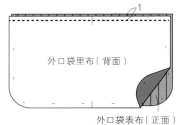

1
外口袋里布（背面）
外口袋表布（正面）

①把外口袋的表布和里布正面相对
对齐，缝合口袋口

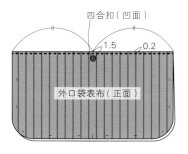

四合扣（凹面）
1.5
0.2
外口袋表布（正面）

②翻到正面，用端口缝机缝口袋口，
安上四合扣（凹面）（参照 p.52）

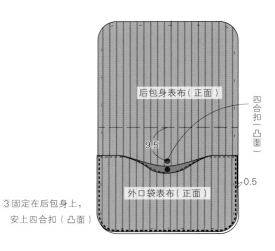

后包身表布（正面）
四合扣（凸面）
9.5
外口袋表布（正面）
0.5

③固定在后包身上，
安上四合扣（凸面）

〈3〉缝合包身和侧布

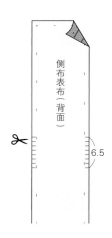

侧布表布（背面）
6.5

①给侧布拐角部分的缝份剪
牙口（参照 p.42）

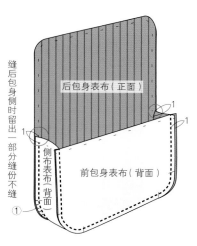

缝后包身侧时留出一部分缝份不缝
后包身表布（正面）
1
1
1
侧布表布（背面）
前包身表布（背面）
①

②把前包身、后包身与侧布正面相对，缝合，
然后劈开缝份（里布也用同样的方法缝合）

〈4〉缝耳布、包带

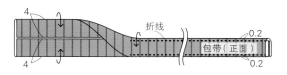

4
折线
0.2
包带（正面）
4
0.2

①把耳布、包带折叠 3 次，缝合两边

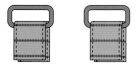

②把耳布穿在口字环上，对折（制作 2 组）

〈5〉缝包盖

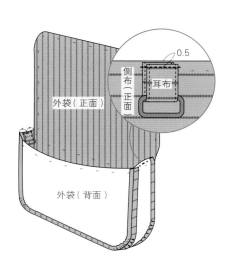

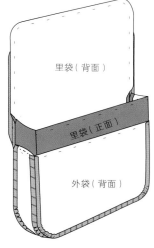

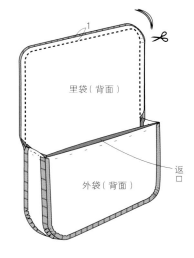

0.5

侧布（正面）

耳布

外袋（正面）

外袋（背面）

③把耳布固定在侧布的缝份上

里袋（背面）

里袋（正面）

外袋（背面）

①正面相对，把里袋放入外袋中

1

里袋（背面）

外袋（背面）

返口

②缝上包盖，把有弧度部分的缝份剪去一半，再剪上牙口

〈6〉缝袋口

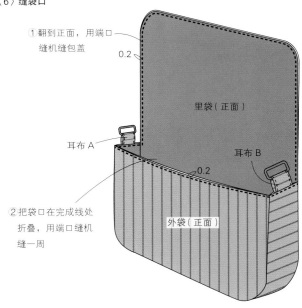

①翻到正面，用端口缝机缝包盖

0.2

里袋（正面）

耳布 A

耳布 B

0.2

②把袋口在完成线处折叠，用端口缝机缝一周

外袋（正面）

〈7〉穿包带

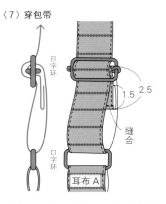

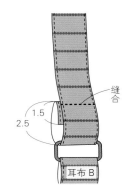

日字环

口字环

1.5 2.5

缝合

耳布 A

缝合

1.5

2.5

耳布 B

①给包带穿上日字环、口字环（套有耳布 A），折叠 2 次缝合

②给包带穿上口字环（套有耳布 B），折叠 2 次后缝合

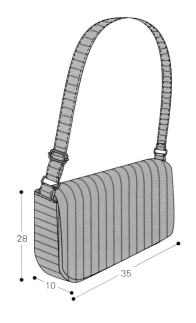

28

35

10

圆底单提手包

这是一款单提手包，使用时可以把它夹在腋下。
贴边上安着磁扣，
所以不用担心袋口会敞开。
把圆形包底缝圆、缝漂亮，
出乎意料地简单，令人开心。

表布合作单位：川岛商事；里布、黏合衬、金属配件合作单位：清原

材料

表布A/79号打蜡棉布　紫色/川岛商事…60cm×60cm
表布B/79号打蜡棉布　浅灰色/川岛商事…40cm×40cm
里布/府绸　圆点印花　深灰色（KOF–31/CGRY）/清原…65cm×50cm
黏合衬　白色软质（SUN50–121）/清原…65cm×50cm
磁扣　14mm　青古铜色（SUN14–106）/清原…1组

完成尺寸

宽22cm×高24cm

制图

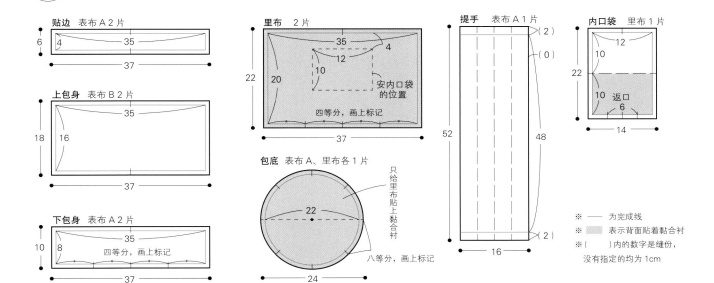

贴边　表布A 2 片
6　4　35　37

上包身　表布B 2 片
18　16　35　37

下包身　表布A 2 片
10　8　35　四等分，画上标记　37

里布　2 片
22　20　35　12　10　4　安内口袋的位置　四等分，画上标记　37

提手　表布A 1 片
（2）（0）52　48　16　（2）

内口袋　里布 1 片
12　10　22　10　返口　6　14

包底　表布A、里布各 1 片
22　24
只给里布贴上黏合衬
八等分，画上标记

※ ── 为完成线
※ ▨ 表示背面贴着黏合衬
※（ ）内的数字是缝份，没有指定的均为1cm

裁剪方法

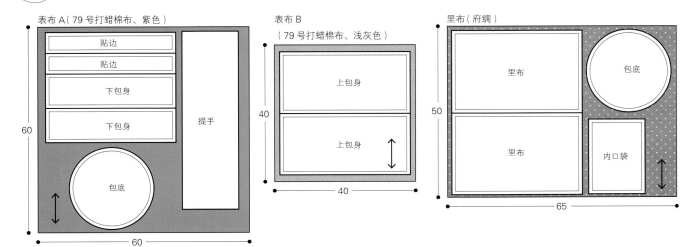

表布A（79 号打蜡棉布、紫色）
贴边　贴边　下包身　下包身　提手　包底　60　60

表布B
（79 号打蜡棉布、浅灰色）
上包身　上包身　40　40

里布（府绸）
里布　包底　里布　内口袋　50　65

〈1〉缝里布

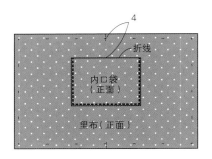

①制作内口袋（参照 p.76），缝在里布上

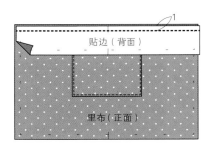

②把里布和贴边正面相对缝合

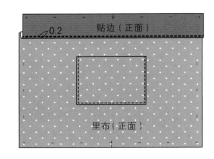

③把缝份倒向贴边侧，用端口缝机缝（另一组也用同样的方法缝合）

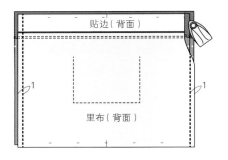

④把 2 片里布正面相对，缝合侧边，劈开缝份

〈2〉缝表布

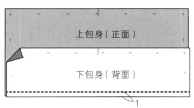

①把上包身和下包身正面相对缝合

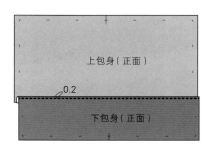

②把缝份倒向下包身侧，用端口缝机缝（另一组也同样的方法缝合）

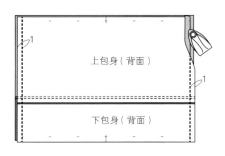

③把 2 片包身正面相对，缝合侧边，劈开缝份

〈3〉缝包底

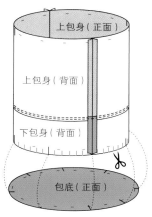

① 给下包身底侧的缝份等距离地剪牙口，
然后与包底正面相对把标记对齐（参照
p.42）

② 把包身放在上面，与包底缝合，缝一周
（里布也用同样的方法缝合）

〈4〉安磁扣

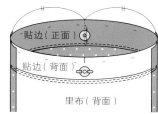

在贴边的中点安上磁扣（参照 p.53）

〈5〉安提手

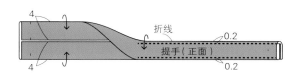

① 折叠提手，缝合两边

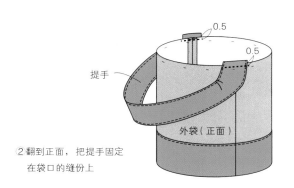

② 翻到正面，把提手固定
在袋口的缝份上

③ 放入里袋，把袋口在完成线处折叠，背面
相对，完整地缝一周

双肩背包

乍一看，觉得由好多部分组成，很复杂，
但是包带用的是成品包带，
就省去了做包带的麻烦。
包身部分全都是缝直线。
安金属配件时，一边了解它的用法，一边安装吧。

黏合衬、金属配件、包带合作单位：清原；表布、里布合作单位：川岛商事

材料

表布A/先染亚麻帆布#8600　原色/川岛商事…50cm×100cm
表布B/先染亚麻帆布#8600　黑色/川岛商事…40cm×55cm
里布/79号打蜡棉布　红色/川岛商事…65cm×100cm
黏合衬　织成的白色薄衬（SUN50-35）/清原…80cm×100cm
3号拉链　长15cm…1根
插入式锁扣　M　镍（BM04-18）/清原…1组
单面气眼　#23　镍（SUN11-170）/清原…12组
棉绳　直径5mm　黑色…90cm
包带　38mm宽　黑色（HMT-01/BK）/清原…200cm
口字环 40mm　镍（SUN13-171）/清原…2个
日字环 40mm　镍（SUN13-174）/清原…2个

完成尺寸

宽28cm×高38cm×厚12cm

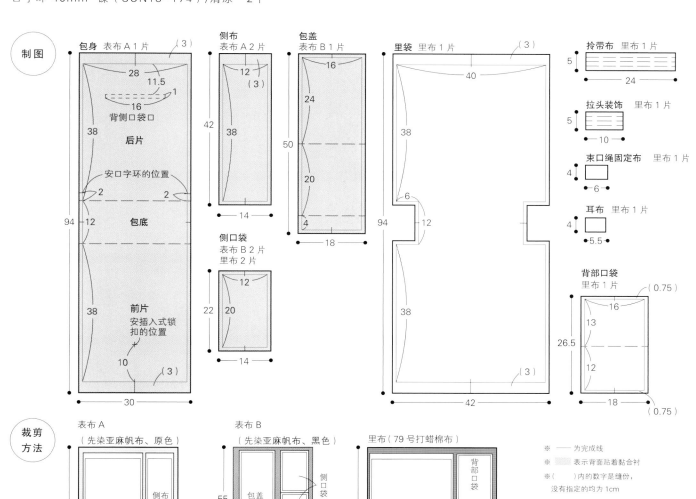

制图

包身　表布A 1片　（3）
28
11.5
1
16
背侧口袋口
38
后片
安口字环的位置
2　2
94　12
包底
38
前片
安插入式锁扣的位置
10　（3）
30

侧布
表布A 2片
12（3）
42
38
14

包盖
表布B 1片
16
24
50
20
4
18

里袋　里布 1片　（3）
40
38
6
94　12
38
42
（3）

拎带布　里布 1片
5
24

拉头装饰　里布 1片
5
10

束口绳固定布　里布 1片
4
6

耳布　里布 1片
4
5.5

侧口袋
表布B 2片
里布 2片
12
22　20
14

背部口袋
里布 1片　（0.75）
16
13
26.5
12
18
（0.75）

裁剪方法

表布A
（先染亚麻帆布、原色）
侧布
包身
侧布
100
50

表布B
（先染亚麻帆布、黑色）
55
包盖
侧口袋
侧口袋
40

里布（79号打蜡棉布）
背部口袋
里布
100
拎带布
侧口袋
拉头装饰
束口绳固定布
耳布
65

※ —— 为完成线
※ ▨ 表示背面贴着黏合衬
※（　）内的数字是缝份，
　　没有指定的均为1cm

〈1〉安背部口袋

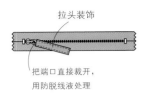

把端口直接裁开，
用防脱线液处理

拉头装饰

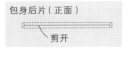

包身后片（正面）

剪开

包身后片（背面）

拉链（正面）

包身后片（正面）

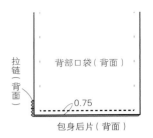

拉链（背面）

背部口袋（背面）

0.75

包身后片（背面）

①给拉链拉头安上拉头装饰
（参照 p.88）

②把口袋口剪开，折向里侧

③把口袋口的中点与拉链的中点对齐，
用双面胶带固定

④把拉链与背部口袋布的下端对齐，
从正面缝合

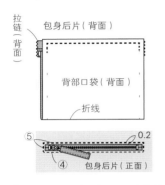

拉链（背面）

包身后片（背面）

背部口袋（背面）

折线

⑤

0.2

④

包身后片（正面）

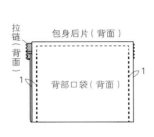

拉链（背面）

包身后片（背面）

背部口袋（背面）

1

1

〈2〉安侧口袋

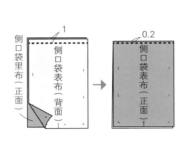

侧口袋里布（正面）

1

侧口袋表布（背面）

0.2

侧口袋表布（正面）

侧布（正面）

0.5

侧口袋表布（正面）

⑤把背部口袋布在底部折叠，把拉链
和口袋的上端对齐，从正面用藏
针缝缝合

⑥避开包身和拉链的端口，缝合
背部口袋的两侧

①把侧口袋的表布与里布正面相对对
齐，缝合口袋口，翻到正面，用端口
缝机缝

②叠放在侧布上，固定住
（制作 2 组）

〈3〉安口字环

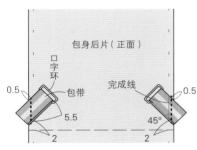

包身后片（正面）

口字环

包带

0.5

5.5

2

完成线

45°

0.5

2

〈4〉把包身和侧布缝合

包身后片（正面）

包底

前片

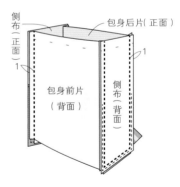

侧布（正面）

包身后片（正面）

1

包身前片（背面）

侧布（背面）

1

给口字环穿上包带（15cm）后折叠，
固定在包身表布安口字环的位置上

①在包身和包底分界处的缝份上
剪牙口

②把包身和侧布正面相对，
缝合三边，劈开缝份

〈5〉缝里袋

里布（背面）

1

1

包底中心线

里布（背面）

6

6

1

①把里布正面相对对齐，
缝合两侧，劈开缝份

②把侧边与包底中心线对齐，缝合包底和侧布

〈6〉安包盖

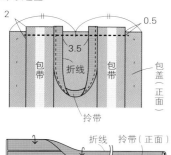

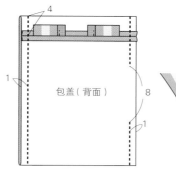

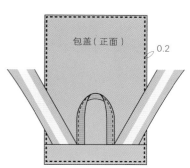

①把拎带布折叠3次，缝合，然后和包带（每根长85cm）一起并排固定

②把包盖正面相对折叠，夹住步骤1做好的拎带和包带，然后缝合

③在一侧留出返口，缝合两侧（为了不缝到包带，要把包带在内侧折叠好、避开）

④翻到正面，缝合一周，把返口也一并缝合

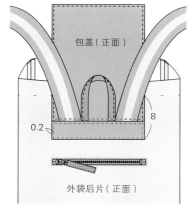

⑤叠放在外袋后片上，缝合

〈7〉安金属配件

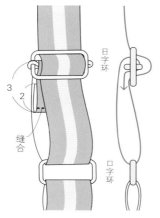

①给包带穿上日字环和口字环，端口折叠2次缝合（参照p.50）

②包身前片安上插入式锁扣（凹面）（参照p.53）

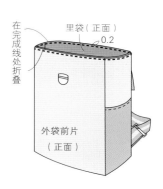

③把外袋和里袋的袋口在完成线处分别折叠，背面相对，里袋放入外袋中，在袋口处机缝一周

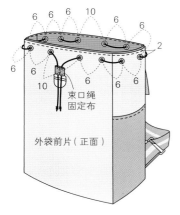

④安上气眼（参照p.51），穿上棉绳，穿上束口绳固定布后打结

⑤制作耳布，和插入式锁扣（凸面）一起安在包盖的中点位置

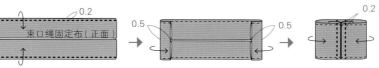

布边对向折叠，用端口缝机缝　　把两端内折　　再次端口相对折叠，用端口缝机缝

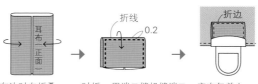

布边对向折叠　　对折，用端口缝机缝端口　　安在包盖上

褶皱祖母包

这款包的亮点，是在包底加了V形褶，
给袋口做了细褶处理，然后用包边条把袋口包住，
直接用包边条做提手。
选用容易打褶的薄布来做这款包吧。

表布、黏合衬合作单位：清原

材料

表布/府绸 圆点印花 蓝底灰点（KOF-32/NVGRY）/清原…75cm×75cm

里布/平纹棉布…110cm×70cm

黏合衬 白色软质（SUN50-121）/清原…55cm×85cm

棉绳 直径3mm…84cm

完成尺寸

宽48cm×高30cm

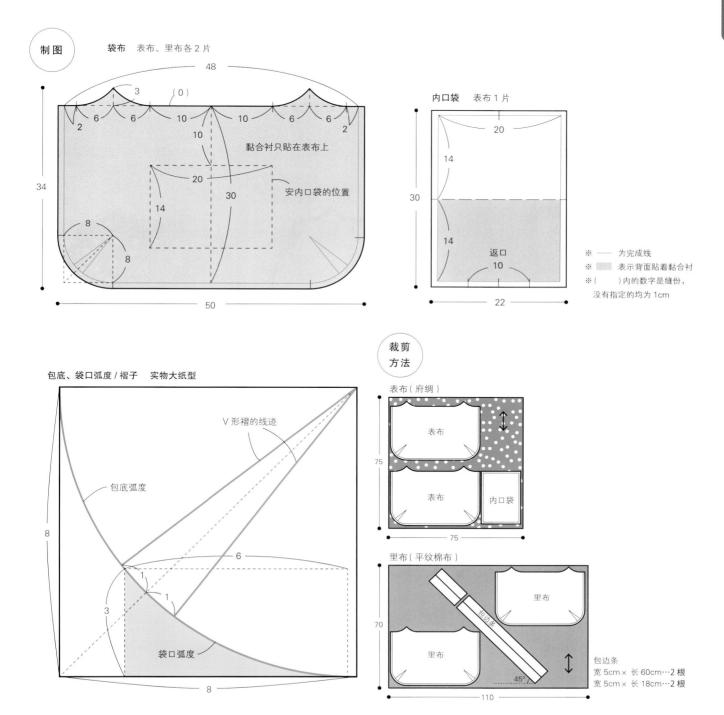

制图

袋布　表布、里布各2片

48
3
（0）
2　6　6　10　10　6　6　2
10
34
黏合衬只贴在表布上
20
30
14
8
8
安内口袋的位置
50

内口袋　表布1片

20
14
30
14
返口
10
22

※ ── 为完成线

※ ▨ 表示背面贴着黏合衬

※（ ）内的数字是缝份，
　没有指定的均为1cm

包底、袋口弧度/褶子　实物大纸型

V形褶的线迹

包底弧度

8
6
1
1
3
袋口弧度
8

裁剪方法

表布（府绸）

表布
表布
内口袋
75
75

里布（平纹棉布）

里布
里布
包边条
70
45°
110

包边条
宽5cm×长60cm…2根
宽5cm×长18cm…2根

103

〈1〉缝里袋、外袋

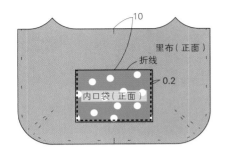

①制作内口袋,缝在里布上（参照 p.76）

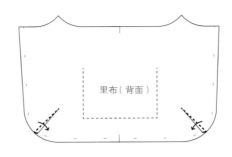

②缝 V 形褶,把缝份倒向下侧

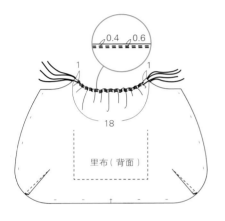

③在袋口大针脚机缝,缝 2 行,打褶子,抽缝线
使袋口缩小至 18cm。另一侧也用同样的方法缝
制（参照 p.40）

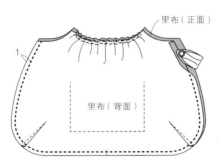

④把 2 片里布正面相对,缝合三边,剪开缝份

⑤缝表布。缝步骤②时,把褶子的缝份倒向上侧,
步骤③、④与里布相同,翻到正面

〈2〉缝袋口

①背面相对,把里袋放入外袋的里面

②把侧边缝线、中点的标记都对齐,把袋口
完整地机缝一周

〈3〉制作包边条

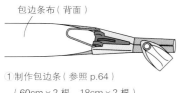

包边条布（背面）

①制作包边条（参照 p.64）
（60cm×2 根、18cm×2 根）

包边条（正面）
包边条（背面）

②把 60cm 长的包边条，正面相对缝合两端，剪开缝份，使之成为环状

〈4〉外袋（正面）

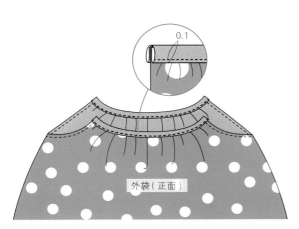

0.1

外袋（正面）

①把袋口中央用 18cm 的包边条包住缝合（参照 p.65）

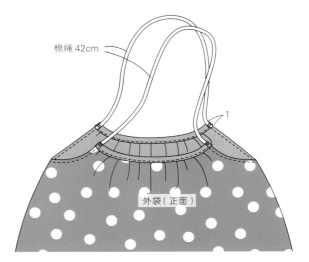

棉绳 42cm

外袋（正面）

1

②把用作提手的棉绳缝上，中途缝几针回针缝

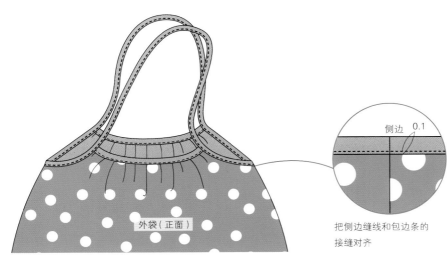

外袋（正面）

侧边 0.1

把侧边缝线和包边条的
接缝对齐

③把提手和袋口以及侧边部分，用缝成环状的包边条包住缝合
（参照 p.65）

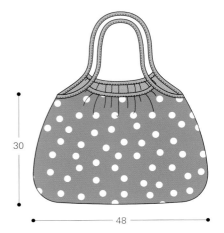

30

48

波士顿包

这是款值得一做的包，
只要不把组装的顺序弄错，
做起来就不难。
一边想象着拿着它到哪里去，
一边进行端口缝，心静了，针脚自然就直了。

表布合作单位：川岛商事；里布、黏合衬、拉链、金属配件、底板合作单位：清原

材料

表布/79号打蜡棉布/川岛商事…112cm×110cm

里布/高密度格子布 黄色（KOF-28/Y）/清原…110cm×100cm

黏合衬 白色普通不织布（SUN50-32）/清原

5号拉链 长60cm、双开头、银色（5CMS-60SH/841）/清原…1根

口字环 25mm 镍（SUN13-117）/清原…4个

底板 1.5mm 白色（BM02-03）/清原…39cm×14cm

完成尺寸

宽40cm×高30cm×厚15cm

第2部分

波士顿包

制图

※（ ）内的数字是缝份，没有指定的均为1cm

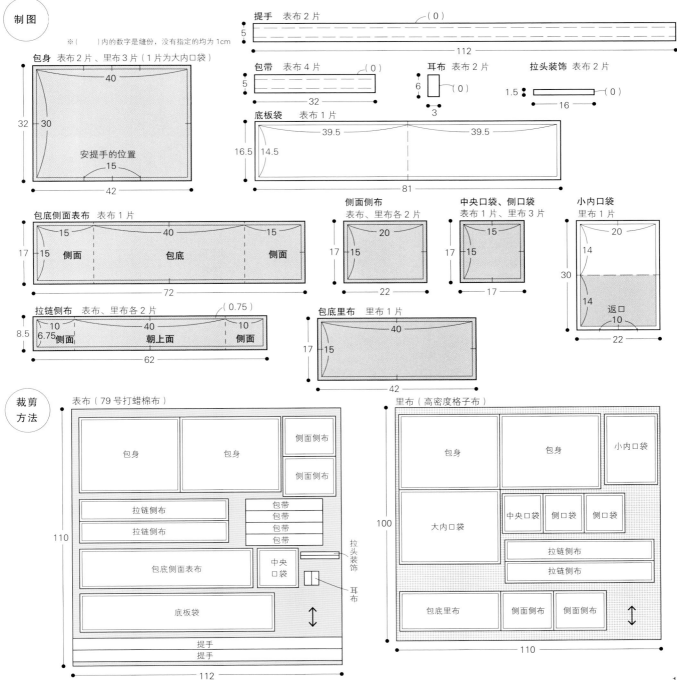

包身 表布2片、里布3片（1片为大内口袋）

40

32 30

安提手的位置

15

42

提手 表布2片 （0）

5

112

包带 表布4片 （0）

5

32

耳布 表布2片

6

3 （0）

拉头装饰 表布2片

1.5 （0）

16

底板袋 表布1片

16.5 14.5

39.5 39.5

81

包底侧面表布 表布1片

15 40 15

17 15 侧面 包底 侧面

72

侧面侧布
表布、里布各2片

20

17 15

22

中央口袋、侧口袋
表布1片、里布3片

15

17 15

17

小内口袋
里布1片

20

14

30

14 返口

10

22

拉链侧布 表布、里布各2片 （0.75）

10 40 10

8.5 6.75 侧面 朝上面 侧面

62

包底里布 里布1片

40

17 15

42

裁剪方法

表布（79号打蜡棉布）

| 包身 | 包身 | 侧面侧布 |
| | | 侧面侧布 |

拉链侧布
拉链侧布

包带
包带
包带
包带

包底侧面表布

中央口袋

拉头装饰

耳布

底板袋

提手
提手

110

112

里布（高密度格子布）

| 包身 | 包身 | 小内口袋 |

大内口袋

中央口袋 侧口袋 侧口袋

拉链侧布

拉链侧布

包底里布 侧面侧布 侧面侧布

100

110

〈1〉安口袋、包带

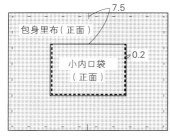

①制作小内口袋，缝在包身里布上（参照
　p.76）

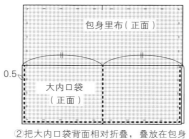

②把大内口袋背面相对折叠，叠放在包身
　里布上，缝三个边和隔挡

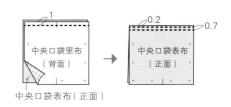

③把中央口袋的表布和里布正面相对对齐，缝上
　袋口，翻到正面机缝袋口

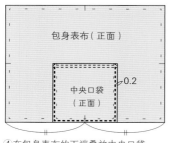

④在包身表布的下端叠放中央口袋，
　把三个边疏缝固定

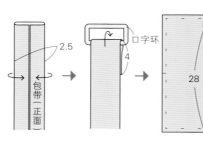

⑤折叠包带布，穿上口字环，叠放在口袋的两边，
　用藏针缝缝合

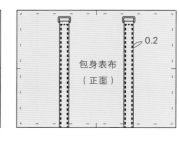

⑥另一片包身表布也要缝上包带、
　口字环

〈2〉缝拉链侧布

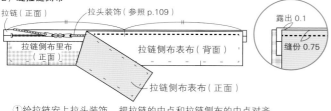

①给拉链安上拉头装饰，把拉链的中点和拉链侧布的中点对齐，
　正面相对、夹住拉链缝合

②翻到正面，机缝

〈3〉缝合侧布

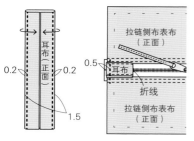

③制作耳布，对折后叠放在拉链的两侧，
　疏缝在缝份上

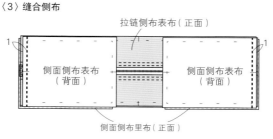

①把拉链侧布的两侧，用侧面侧布表布和侧面侧布里布
　正面相对夹住缝合

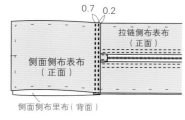

②翻到正面，机缝

③把包底侧面表布与侧口袋里布正面相对缝合

④翻到正面，机缝

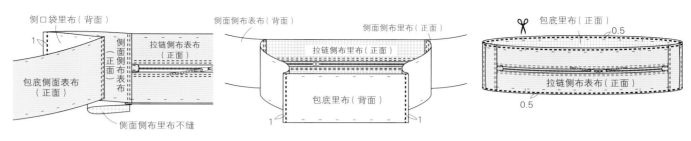

⑤把侧面侧布表布和侧口袋里布的底侧
正面相对缝合

⑥把侧面侧布里布和包底里布正面
相对缝合

⑦侧布缝成筒状后，把两侧的缝份完整地机缝
一周，在朝上面、包底面以及侧面的交界处
剪牙口

〈4〉缝合包身和侧布

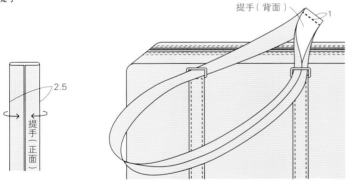

①正面相对，把侧布叠放在包身表布上，把牙口和角对齐

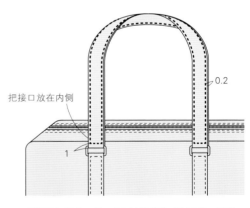

②把包身里布正面朝下叠放在上面，要夹住侧布
把每一个边都分别缝好。另一侧的包身也用同
样的方法缝合

③翻到正面，缝合返口

〈5〉安提手

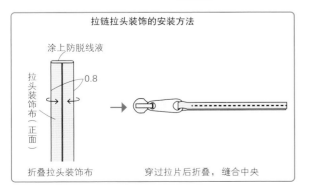

①折叠提手

②穿过口字环，打开端口的折边，正面相对缝成环状，
劈开缝份

③折叠好折边，使口字环连接部分成为环状，用端口
缝机缝两侧

拉链拉头装饰的安装方法

折叠拉头装饰布　　穿过拉片后折叠，缝合中央

〈6〉制作底板

参照 p.85

索引

BAG DUKURI NO KYOKASHO(NV70664)

Copyright © Yuka Koshizen / NIHON VOGUE–SHA 2021 All rights reserved.
Photographer:Yukari Shirai
Original Japanese edition published in Japan by NIHON VOGUE Corp.
Simplified Chinese translation rights arranged with BEIJING BAOKU
INTERNATIONAL CULTURAL DEVELOPMENT Co.,Ltd.

备案号：豫著许可备字–2021–A–0171

越膳夕香 Yuka Koshizen

出生于北海道旭川市。做过杂志编辑，后转型成为手工艺作家，在手工杂志和书上发表过许多包包、布制小物、编织小物、皮制小物等作品。所用材料从和服布料到皮革、毛线等，涉及的范围非常广。经营着"夕香手工艺俱乐部"，这间手工教室崇尚自由风格，即提倡"每个人使用自己喜欢的材料做出自己想要的作品"。用自己的方法制作出日常生活所用的物品，由此所带来的快乐无与伦比，教室一直在传播着这种快乐。著作有：《拉链小包的纸型书》《口金包的纸型书》（日本宝库社出版），《皮革和布制作的钱包》（河出书房新社出版），《今天做明天就能用的手缝皮制小物》（Mynavi出版）等。

图书在版编目（CIP）数据

零基础布包制作教科书／（日）越膳夕香著；罗蓓译. —郑州：河南科学技术出版社，2023.11
ISBN 978–7–5725–1290–2

Ⅰ.①零⋯　Ⅱ.①越⋯　②罗⋯　Ⅲ.①包袋–手工艺品–制作　Ⅳ.①TS973.51

中国国家版本馆CIP数据核字（2023）第168640号

出版发行：河南科学技术出版社
　　　　　地址：郑州市郑东新区祥盛街27号　邮编：450016
　　　　　电话：（0371）65737028　65788613
　　　　　网址：www.hnstp.cn
责任编辑：仝广娜
责任校对：刘香玉
封面设计：张　伟
责任印制：张艳芳
印　　刷：河南新达彩印有限公司
经　　销：全国新华书店
开　　本：889 mm × 1 194 mm　1/16　印张：7　字数：292千字
版　　次：2023年11月第1版　2023年11月第1次印刷
定　　价：59.00元